教鸚鵡玩遊戲

羅賓‧德義智（Robin Deutsch）

晨星出版

目錄

教鸚鵡玩遊戲

了解你的鳥寶

很高興看到你下定決心與心愛的鳥寶一起進行響片訓練！藉由響片訓練你的鳥寶完成某個行動或把戲，能帶給你和你的寵物很多樂趣，帶來的好處也比一般人想像得多。響片訓練的意義，不光只是為了讓你的鳥寶與看到他們有趣一面的幸運傢伙，覺得好玩或提供娛樂效果而已，對於彼此的心智發展也是有所幫助的。

鳥類是聰明到會令人大呼不可思議的動物，訓練你的鳥寶就像是提供他們一份工作，藉此保持他們的心思活絡，同時避免沒有目標的生活模式引發憂鬱症或自殘行為發生，像是啄羽症。更重要的是，藉由響片訓練你的鳥寶，將會使你與鳥寶間的關係更加親密，這樣的協作訓練，能讓你們從彼此身上得到更加真實的信任感。而且關於響片訓練能帶來的好處，已經有很多確切的研究成果給予支持。

請務必記得，你的鸚鵡並非完全被馴化的居家寵物，自然天性將會影響其對於新環境的反應。

了解你的鳥寶的行為

　　確實的花費點時間認識你的鳥寶，是讓響片訓練得以成功的重要關鍵。為了更加了解你的鳥寶的行為，你必須盡你所能學習動物行為學的相關知識，特別是常見的野生鳥類習性。這裡有一個觀念你應該要時刻謹記在心，那就是你的鳥寶並非如同狗貓一樣，屬於完全被馴化的寵物。或許你的鳥寶是從籠中孵化，也習慣在人為馴養的環境中生活，但是即便如此，手養大的鳥寶依然無法跟居家寵物劃上等號。

天性的力量

鳥類依舊保存著完整的自然天性，因此被視為獨特的動物。鳥類依賴這樣的天性來面對危險（不論真實或預期的）或是不友善的環境。這樣的天性會支配他們做出各種反應。

舉例來說，不知道你是否曾經注意過你的鳥寶對於橫越過他們頭頂的影子產生反應？在野外，橫越過鳥類

若是你的鳥寶表現出任何壓力或害怕的徵兆，請立刻停止訓練的課程，並給予他一些關愛。

頭頂的影子可能代表有天敵襲擊而來，你的鳥寶或許會因此在第一時間對於響片訓練者產生警惕之心，或是對於你試著想教他們的行為指令表現出遲疑。別太緊張，這都是很正常的反應，你的鳥寶只不過是藉由他們的天性做出反應而已。

這也就是響片訓練者在訓練鳥類時，與其他狗貓的響片訓練者有所分別的地方。或許在訓練的手法，像是響片聲音與獎賞的搭配使用非常類似，但是鳥寶如何看待訓練道具，正是一道重要的分水嶺。狗貓通常不需要特別讓他們習慣新的事物，鳥寶則需要你漸漸地讓他理解響片的用處。一定要記得，鳥寶可能會把響片當成是一種威脅。當你開始訓練他們新的遊戲或行為時，第一課都是讓鳥寶們習慣訓練的道具。

絕對不要讓你的鳥寶進行任何會使他感到害怕的訓練，這樣做會摧毀所有你跟他一起建立起的信任關係，並導致不必要的壓力產生。壓力不只會造成情緒上的問題，同時也會對生理產生影響。若是你的鳥寶對於響片訓練產生畏懼，你卻強硬地要求他接受，只會讓他更加害怕。我們應該讓鳥寶依照自己的時間表來習慣響片訓練，而不是我們幫他預設好的。如此，當你正式開始進行響片訓練時，你與鳥寶之間才能更加享受響片訓練帶來的樂趣。

幸運的是，鳥類是天生帶有好奇心的動物。如果讓他們看到你在玩某樣東西，他們也會想要跟著玩。有時候，你僅僅只需要把東西放在他們的視線範圍內、籠子周圍，就能夠幫助他們習慣這些東西。

打籃球是很自然的一件事情嗎？

本書建議的絕大多數訓練，都是針對鳥寶天生具有的動物本能來設計。但是你從來沒聽說過大自然有出現過什麼鸚鵡籃球隊吧？好的，先別拘泥於籃球訓練的字面意思。事實上，籃球運動相當於是一種補償行為。在野外，鳥類會將物品從一個地點，搬移運送到另一個地點，這很稀鬆平常。唯一不同的地方是，在訓練課程中，是由你提供鳥寶球，讓他搬移運送到籃框裡。

騎滑板車訓練，則是針對非洲灰鸚鵡多種天性中的其中一種，所設計出的超完美訓練。非洲灰鸚鵡有一種自然行為，跟雞在地上用雞爪抓耙的樣子很類似。他們喜歡走到籠子的底層，然後用一隻爪子來來回回地抓耙，就跟騎滑板車時的動作一模一樣。

自我特質

我們之前提過，大多數的鳥類都會依賴他們的天性來過日子，所以你必須在進行訓練課程的同時，仔細思考鳥寶的「自我特質」。每隻鳥的自我特質養成取決於他們的個性，並會在各種刺激下反應出不同的表現，而且每一隻鳥寶對於學習的行為也有自我的喜好。試著依照鳥寶的能力與專注度來設計訓練課程吧！

雖然本書主要是寫給新手飼主做參考，但是書中的教育訓練也適用於有多年經驗的飼主。不論你的鳥寶歲數是老是少、目前處於哪個成長階段，或是他的過去曾有過什麼樣的故事，都可以使用響片來協助訓練。

進入鳥類的思考領域

在預測你的鳥寶會如何應對特定的情況前，不妨試著轉換身分，用鳥寶的身分設身處地想想。別忘了，你的鳥寶可是機智、靈敏，懂得思考的動物。雖說如此，但鳥類不可能完全聽懂人類的語言指令，或著理解你要求他進行訓練的背後意義。若是你的鳥寶沒有達到你的期望，多付出一點耐心並保持心平氣和，才是正確的應對方式。

飼主的訓練遊戲

最理想的訓練方式，是讓你的鳥寶將你進行的各種訓練都當作是在玩遊戲。因此飼主要將自己想像成受訓者，好確定鳥寶是否很享受你規劃的訓練遊戲。飼主與鳥寶之間的溝通方式，絕對不能完全依賴語言對話，你必須將自己化身為鳥寶，藉由訓練遊戲將自己擺放在鳥

野生鸚鵡會撿拾與搬運物品，這是他們自然行為中的一種，跟帶球放進籃框很相似。

寶的位置看事情。

　　在開始飼主的訓練遊戲之前，你需要幾位朋友協助扮演「鳥類訓練師」。在你開始遊戲前，請用心地挑選出協助你的朋友，然後將自己化身為鳥寶。由於你的朋友們是訓練者，而你是一隻鳥，因此你們之間的溝通方式就只剩響片、口哨或拍手聲。最好不要參雜手勢，避免訓練遊戲變得太過複雜。

　　離開房間，讓你的朋友們決定好要對你進行哪一項行為訓練。訓練可以很簡單，像是坐下，或是需要拆解成多項步驟的訓練課程，你必須試著從你朋友給予的指令中找出他們的真實想法。

當你回到房間，你必須解讀出他們要你進行的行為。結果可能會令你非常沮喪，因為你無法依賴言語或手勢溝通。

「鳥類訓練師」會在你做出正確的行為後給予你獎勵，當然，他們可能必須在很多步驟上提供你獎勵，幫助你確實完成指定的行為。

你可能沒幾分鐘後就想放棄，或是感到滿頭霧水，完全不知道該怎麼做。你的鳥寶就是這樣想的！這就是必須將訓練課程仔細拆解成一個一個小步驟的理由，也是讓你的鳥寶在每次訓練後可以得到成就感的重要一環。

現在試著想像，你的鳥寶在完全搞不懂訓練者所下的指令時，會產生跟你同樣的心情。即使鳥類十分聰明，訓練者依舊要有付出時間的準備。你必須學習如何跟你的鳥寶溝通，讓訓練遊戲在任何時候都能讓你們樂在其中。可以邀請你的家人與朋友一起加入，讓他們認識你和鳥寶的訓練遊戲。

成功的響片訓練師可以給所有人帶來樂趣。請謹記，鳥類的行為在很大程度上，受到他們的天性影響。請花些時間好好地認識你的鳥寶，然後和鳥寶一起在響片訓練中開心地玩吧！

敬獻

　　本書獻給我的指導者，喬克・羅沃斯。獻給世界上每一位鳥類訓練師，感謝你們在這麼棒的工作上帶給我們的樂趣。當然，也要獻給我的家人，史蒂芬、瑪西和史考特。最後，獻給我的每一隻鳥寶，讓我的工作變得如此輕鬆有趣。

Chapter 1

如何使用響片
進行訓練

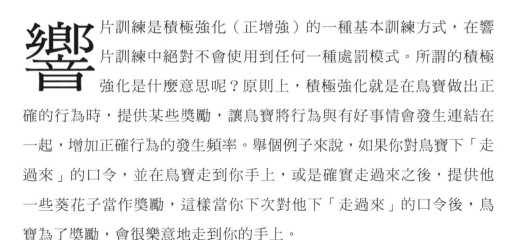

響片訓練是積極強化（正增強）的一種基本訓練方式，在響片訓練中絕對不會使用到任何一種處罰模式。所謂的積極強化是什麼意思呢？原則上，積極強化就是在鳥寶做出正確的行為時，提供某些獎勵，讓鳥寶將行為與有好事情會發生連結在一起，增加正確行為的發生頻率。舉個例子來說，如果你對鳥寶下「走過來」的口令，並在鳥寶走到你手上，或是確實走過來之後，提供他一些葵花子當作獎勵，這樣當你下次對他下「走過來」的口令後，鳥寶為了獎勵，會很樂意地走到你的手上。

那什麼時候該輪到響片出場呢？獎勵毫無疑問地是驅使鳥寶做出正確行為的誘因，但若你直接在他完成正確行為的時候給予獎勵，並同時讓響片發出喀喀聲，就等同在告訴你的鳥寶，他做的行為是正確的。換言之，你是在用響片聲「連結」起做出正確的行為，以及隨後

能得到獎勵這兩者間的關係。當每一次你的鳥寶做出正確行為時，就按壓響片，使其成為「刺激仲介」，讓你的鳥寶知道他所做的行為或把戲是正確的。

不論是多麼聰明的鳥類，都無法確實理解你想要他們做的事情是什麼。他們當然很希望能達成你的要求，但若不能確實了解你的想法，就可能會因為一直碰壁而變得心煩意亂。響片就是讓你的鳥寶了解你的需求，以及他該如何行動的一種工具。

絕對不要用響片的聲音戲弄你的鳥寶，除了會造成他們混亂，也將使他們不再信任你。如果你家中有小朋友想用響片跟鳥寶玩，不斷讓響片發出喀喀喀喀的聲音，也會造成鳥寶混亂，所以請務必保證家中的小朋友拿不到響片。若是響片發出聲響，即使是無心之舉，也一定要保證鳥寶能得到獎勵。

響片聲音是在告訴你的鳥寶，他做出了正確的事情。

使用響片之後，你會發現訓練變得越來越輕鬆。鳥寶將會理解響片聲音所代表的含意，與他正在進行的行為動作正確與否。

響片訓練的基本元素

響片就像是刺激仲介

所謂的刺激仲介，就是指不用與你的鳥寶進行言語溝通，也能達成你所期望的正確行為的輔助工具。當鳥

寶聽到熟悉的響片聲音時，就會將他的行為與「某些令人開心的事物」確實的連接在一起，這個令人開心的事物就是「獎勵」。響片的聲音在鳥寶耳朵裡聽起來就像：「叮咚叮咚！正確答案！」只要響片聲音成為作出正確行為的標記，鳥寶就會知道他已經成功做出正確的行為或把戲，緊接著就有好事情要發生了。

使用響片的時機點

　　來設定個情境：你希望鳥寶可以做出揮動腳爪的動作。所以你先將鳥寶放置在棲木上，若是他移動身體的重心，就立刻按壓響片發出聲音，同時給予獎勵。跟著，在他理解之後，耐心等待他做出下一步動作。或許他會稍微舉起他的腳爪，你立刻按壓響片發出聲音，同時給予獎勵，然後繼續等待。或許你必須碰觸他的腳爪稍稍刺激他，當他又舉起腳爪時，再度給予獎勵並同時按壓響片發出聲音。持續這個訓練，直到鳥寶不再需要被提醒。

　　使用其他聲音或口令作為「仲介」也是可行的。如果你決定使用口令來作為仲介，請挑選只有一個音節，而且你平常不太會使用到的文字。鳥寶必須將聲音或口令與行為正確與否做連結，並得到獎勵。總而言之，以響片作為「仲介」，對鳥類與大多數其他動物來說，相對簡單且利於理解。

鸚鵡可以學習認知各種語言、非語言與周遭事物的指令。

指令

　　在進行行為與遊戲的訓練之前，你必須先認識幾種指令方式。指令是一種簡單的信號，這個信號是用來告知鳥寶進行並完成你指定行為，使你得到期望的結果。指令可以是言語的（口令或聲音）、非言語的（手部動作、手勢）或來自周遭事物的（視覺、嗅覺）等等。

　　指令可以是任何一種手部動作或手勢，不須搭配言語或是過於誇張的肢體表現，一旦你的鳥寶學會辨識指令，你會很驚訝地發現，鳥寶們對於一般人不會察覺到的小動作的觀察力有多敏銳。言語的指令應該要盡量短且簡單，最好不要超過兩個音節。周遭事物的指令方式則是最容易讓鳥寶上手的，例如，鳥寶看到他的前方有個像響鈴的東西，然後走過去搖鈴，這就是一種用周遭事物作為指令的方式。

　　上述幾種指令方式都可以分別或彼此搭配應用。舉個例來說，你在桌上準備了一顆籃球與籃框並呈現在你的鳥寶面前（周遭事物的指令），接著你指著球（非言語的指令），然後說投球（言語的指令），最後將手指向籃框（非言語的指令），這就是指令搭配的應用。

　　當你要教導鳥寶第一個課程的時候，可能要稍微誇大一點表現出你的指令。當你的鳥寶學會了之後，就開始慢慢將指令的表現方式歸於平淡。甚至到最後，你可以完全不用言語的方式讓鳥寶完成大多數的動作。

用零食當作訓練鳥寶的獎勵時，請不要一口氣給予滿手的種子。如果你給了太多的獎勵，那鳥寶就會得到滿足，減低之後訓練時想得到獎勵的慾望。

你可能沒有注意到自己早就已經教導過鳥寶辨識幾種指令。舉例來說，當你將手保持水平移到鳥寶面前，然後鳥寶就會一步一步順著走上你的手，這就是在回應你的手勢指令。如果你還會同時說出「上手」或「來」的口令，那鳥寶也同時回應了你的言語指令。

指令與任何訓練都是彼此相互學習的，你的鳥寶可能也在用他設定的指令訓練你。例如你會在鳥寶放聲尖叫時，衝去看看他發生什麼事了，這個行為就是在回應鳥寶的指令。如果你還沒開始訓練你的鳥寶，那你的鳥寶或許已經先行對你進行過一番調教了。這也是為什麼

很多人家裡會出現「問題鳥寶」的原因，因為這些人不知道要如何教育自己的鳥寶。

積極強化物

　　積極強化物是在行為影響上十分具有力道的一種訓練工具，通過給予獎勵的方式，確保期望的行為能不斷被重複。強化物大致能分為初級（如食物）與二級（社會化獎勵，如誇獎）兩種。一般情況下，每一種鳥類都有對其特別有吸引性的積極強化物，但是對其他個體不一定有效果。你必須非常了解你的鳥寶，並挑選出你的鳥寶喜愛，也願意為了它努力的積極強化物。

　　社會化強化物是非常容易使用的獎勵方式，你可以給予鳥寶親密的擁抱或一個親吻，而不必特別跑到廚房去準備零食。社會化獎勵也能協助你和鳥寶間建立起飼育的依存關係。和你的鳥寶之間建立起一個良好及充滿愛的關係是很重要的，使用社會化強化物作為獎勵方式，能讓鳥寶增加對你的信任度。開始響片訓練，就能幫助你與鳥寶之間建立起良好的關係。

　　總的來說，鳥寶會為了社會化強化物而勤奮表現，他們追求愛情，並且幾乎願意做任何事情來得到它。一個親密的擁抱、搔搔頭頂、愛他的人給他的鼓勵，都是完美的社會化強化物。若能把你的鳥寶當作重要伴侶是再好不過了，優秀的表演者則是其次。

初級強化物應該要跟訓練做配合使用，而且只要提供一些些就夠了，當你在對鳥寶作行為訓練的時候，不要讓鳥寶花費太多時間在吃東西上。換句話說，就是不要每次訓練都給他滿滿的種子當獎勵，只要提供一點點就夠了，這也是為了將他的注意力時時保持在訓練上。

以食物作為強化物

在決定要用哪一種食物當獎勵時，請務必確認挑選的是鳥寶最愛的食物，而且只需要提供一點點。此外，當獎勵的食物不能是鳥寶平常主食的其中一種。

開心果、松子與向日葵種子都是很受鳥類歡迎的食物。請不要使用完整的堅果或是大顆的種子當成獎勵，只要從中取出一小塊就夠了，既能當作鼓勵，也能避免鳥寶吃得太多。提供一點點的小獎勵，能讓鳥寶快快吃完，而足夠吸引人的獎勵，能驅使鳥寶甘願為它付出。我會將堅果或開心果剪成四等分，只提供給中大型的鳥寶。至於小型的鳥寶，我會從向日葵種子或是小米之間二選一。有些鳥寶不會要求零食，反而會要求關愛作替代。

這裡非常不建議只讓鳥寶食用單一種訓練食物，除非你是專業的動物訓練師，訓練食物使用不慎，可能會傷害到你的鳥寶。

開始響片訓練

步驟一

一手拿著響片，另一手拿著零食，走到鳥寶的籠子前面。按壓一聲響片，然後立刻將零食當作獎勵餵給鳥寶，立即提供獎勵是很重要的步驟，如果你在按壓響片和提供零食獎勵的時間間隔太久，讓鳥寶認識響片的效果就幾乎等於零。

一開始，響片與聲響可能會驚嚇到你的鳥寶，但是只要你保持鎮定，並在一旁給予鼓勵，鳥寶一定能自行克服緊張。容易緊張或是比較膽小的鳥寶，或許需要更多的時間來習慣響片。

有些鳥寶若是在初期就給予碰觸或玩弄響片的機會，在習慣響片的表現上會比較優秀。在最剛開始的時候，這樣幫助鳥寶習慣響片是無妨的，但是只要你的鳥寶知道響片的意義之後，就不能允許鳥寶長時間玩弄響片了。鳥類的探索心很強，讓他們掌握響片的特徵，也許能幫助他們克服原本對響片產生的任何恐懼心態。或許響片的聲音不大，但有些鳥寶還是需要足夠的時間來適應。為了讓你的鳥寶學會信任你和響片，跟鳥寶介紹響片的時候，務必要多付出點耐心。千萬記得，響片訓練最重要的關鍵就是信任。

如果你的鳥寶看起來跟響片之間相安無事且怡然自得，有響片在的場合也不會心慌意亂，那麼就可以進行步驟二了。

為了讓訓練效果事半功倍，當鳥寶完成特定的行為時，立刻獎勵他是非常重要的。

步驟二

　　經過日復一日的接觸調適，鳥寶應該已經開始將響片聲與獎勵聯想在一起了。現在，請停止毫無緣由的給予鳥寶獎勵，取而代之的是，將你的手伸向鳥寶，做出以往要鳥寶上手的姿勢，當鳥寶開始移動腳步時，即使腳步很小，也要按壓響片發出聲音，並立刻給予獎勵。這個步驟是為了要讓鳥寶認知到，他不會再像之前一樣，什麼「鳥事」都不做就能得到獎勵，現在要得到獎勵，就必須完成一些「鳥事」才行。

　　你可以自由安排能得到獎勵的方式，上一段只是提供一個簡單且常見的情境給你作為參考，不一定要完全遵照執行。我們的目的只是要讓鳥寶知道，為了得到獎勵，他必須要做出特定的行動才行。

　　鳥寶必須開始認知到自己得做出一些行動，才能帶來響片的聲音與獎勵。只要鳥寶有了這個概念，你就可以開始教育鳥寶完成遊戲與行為的響片訓練。

　　第一個訓練可能會比較花費時間，因為你的鳥寶必須先學習到響片聲音的意義。訓練進行一段時間後，只要鳥寶理解了響片聲音所代表的意義，那麼在之後進行遊戲與行為訓練的進度就會加快。

Chapter 2

響片訓練的
基本觀念須知

在你開始對鳥寶進行響片訓練前，請務必學習相關的基礎訓練須知。這些訓練須知，全都是在進行響片訓練時，非常重要的準則。

響片訓練只能有一個主要的訓練者。當鳥寶在進行行為訓練時，其他人也可以協助一起訓練鳥寶，但請確定這些人的訓練方式完全遵照主訓練者的方式進行，這能幫助主訓練者維持與監督訓練的進度。

正向鎖鏈分解訓練法

當你嘗試開始訓練你的鳥寶前，請先在腦海裡將預期的訓練目的想像一遍。若是比較複雜的行為，就將它拆解成一個一個的小步驟。只要學會一個步驟，就可以繼續連接到下一個步驟，跟鎖鏈一樣。如

訓練鳥寶的重點在於，彼此已經建立起穩定的信任關係。

果你確實將鳥寶的行為訓練課程拆分成幾個步驟，會讓鳥寶的學習過程更為輕鬆。最後當鳥寶掌握住每一個步驟後，你就可以像鎖鏈一樣將步驟串聯起來。這種方式被稱為「正向（前進）鎖鏈」訓練法。

當然，這種訓練法需要你用睿智的頭腦，將訓練目標做明確的步驟拆解。不過，剛開始你可能無法確實掌握住一個行為訓練得要拆分成多少個步驟的訣竅，即使是再簡單不過的行為。舉例來說，分解和其他人握手的這個動作，你必須先將右手抬起，然後往另一個人的手做水平延

請將訓練的目標行為拆成一個一個的小步驟，然後循序漸進的訓練。像是訓練鳥寶接電話，第一個步驟就是讓鳥寶靠近電話。

伸，最後才能用你的手輕柔且確實地握住他或她的手，並上下擺動。當然別忘了，最後還有鬆手的動作。

將步驟記錄在紙上不失為一個好方法。若是連你都無法確認自己要如何對鳥寶進行訓練，那想當然爾，最後只會帶給鳥寶失落感。現在就將步驟寫下來吧！當你將想要鳥寶學習的目標行為做清楚的拆分後，就可以按照這些步驟來教導鳥寶。

讓訓練變得有趣

訓練課程的最大原則，就是讓你和鳥寶都感到有趣且樂在其中。幫訓練課程安插進一些期待感吧！還有，訓練的時間不要太長，你的鳥寶會讓你知道他的注意力能夠集中多久，也記得要在鳥寶感到厭煩前結束訓練。

你絕對不會希望訓練課程成為鳥寶的壓力。如果你的鳥寶因此產生害怕或不開心的情緒，他就不可能享受訓練課程，甚至導致鳥寶產生壓力而排斥課程。

訓練的十大約定

1. 絕對不能讓生病或有壓力徵兆的鳥寶進行訓練課程。

2. 如果你或鳥寶出現任何消極的徵兆，請回到上一個步驟，或是結束這個訓練課程，換成其他鳥寶已經學會的行為來取回正向感。你也可以重新思考訓練的環節，避免發生相同的問題。

3. 從一而終，只要開始訓練，就不能隨意混雜其他的訓練，避免鳥寶產生混淆。

4. 絕對不能在你憤怒或心煩的時候進行訓練，訓練課程應該要讓你和鳥寶樂在其中。

5. 試著在沒有外因干擾且寧靜的地方進行訓練（訓練並不是體育競賽，不需要觀眾），並試著觀察出鳥寶的注意力能集中多久。

6. 一次只訓練一個項目，要一直等到鳥寶確實學會該項課程後，才能進行下一個訓練項目。

7. 每一次鳥寶成功完成課程時，都必須立刻給予正增強的獎勵，直到該行為被確實學會為止。這樣能讓正確行為再次出現。

8. 請先行判斷出哪一種獎勵對你的鳥寶最有吸引力，選項可能是最愛的幾種食物或是關愛的互動。如果你判斷應該使用食物當獎勵，請務必配合關愛的互動，這樣可以逐漸地取代食物的誘惑力，成為行為獎勵。獎勵應該要能簡單給予，並不干擾到訓練課程的進度。如果還是必須使用食物零食，記得每次只要給一小塊就夠了。

9. 設定口令的原則是簡短好記。

10. 一定要在鳥寶積極正向的狀態下結束訓練，請盡你最大的努力讓鳥寶享受訓練的課程。莫忘鳥寶很想對你表現出溫馴乖巧的一面，只是他不知道要怎麼做才能達到你的期望。

再次提醒，一定要在鳥寶積極正向的狀態下結束訓練課程，若是你的鳥寶對於某些特定的訓練出現惱怒或煩躁的情緒表現，請將課程轉化為其他鳥寶已經學會的課程並給予獎勵，藉此將受挫的心情轉換成正向的心情後再結束訓練課程。在休息的時候，別忘了分析是哪一個環節出現了問題，是不是你給了鳥寶不明確的指令？或者是一次塞了太多課程給他？

環境因素

要隨時對你周遭發生的事情保持警覺性。若是你的鳥寶表現出消極的態度，請試著判斷出可能的原因，仔細回想之前發生過的事情、過程與之後的情況。你的鳥寶可能是察覺到你沒有注意到的威脅。

若是你的鳥寶精神無法集中，像是一直去注意籠子裡的另一半，那麼進行訓練就沒有意義。

請事先為可能發生的意外情況做好準備。鳥類通常會將閃過頭上的物體或影子視為危險訊號,即使我們認為那沒什麼大不了。舉個例子,對鳥類來說,電線的樣貌跟蛇很像、橫越過頭頂的影子可能被他們誤認成老鷹或猴子等天敵。

雖然我們很喜歡將鳥寶秀給朋友或家人看,但請不要期望你的鳥寶在眾多陌生人圍繞的環境下能有好的表現。特別是年紀比較小,容易興奮的孩子,更別說他們可能還會用跑或跳的方式衝向鳥寶。

請安排一個沒有外物干擾的訓練場所,鳥類可不是能長時間集中注意力的動物,任何風吹草動都可能讓他分心。像是小孩跑過來、電視的巨響、電話鈴聲等等,都很容易在訓練課程中帶走鳥寶的注意力。

當其他人與你的鳥寶互動時,請務必密切注意。

訓練課表

試著做一張專屬的訓練課表,並訂定出訓練的時間。這並不是指訓練一定都要在晚上七點準時開始的意思,你可以在這個時間點前後自由決定進行訓練的時間,有時早一點,有時晚一點,主要目的只是為了讓你們將訓練課程變成規律生活的一部分。

切記,多付出一點點時間與耐心,可以為訓練結果加分。

如果你的鳥寶完成了某項訓練課程，那麼你可以挑選其他的時間點，與鳥寶一起在家人或其他小團體前做個成果發表。

不要強化負面的行為

很多人都會在無意識中強化鳥寶的問題行為。例如鳥寶只要尖叫，大多數的飼主就會衝到鳥籠前面，試著用各種手勢或尖銳的聲音要鳥寶閉嘴。這些飼主並沒有意識到，他們的這種反應，在無意中強化了鳥寶的問題行為。

就像小朋友一樣，鳥寶會在沒有人關心他的時候做出一些問題行為來取得注意。一隻孤單寂寞又無聊的鳥寶，絕對會很樂意三不五時就來個瘋狂尖叫，以換取飼主為他表演一場歇斯底里的好戲。在野外，鳥類的尖叫有很多種用途：尖叫可以用來警告群體有危險、可以用來與其他群體的成員或伴侶取得聯繫、可以保衛地盤等，當然有時他們也只是叫個開心愉快的。

發揮創意

每一隻鳥寶對於事物的適應力都不相同。飼主請學會判斷鳥寶的注意力有多長，他有多渴望學習與如何進行訓練，還有最重要的是，如何讓鳥寶在訓練課程中得到樂趣。

請記住，鳥寶的訓練成果能達到多高的層級，完全受到你的想像力主宰。不妨試著走一趟玩具店，參考嬰幼兒的玩具設計。或許你的鳥寶是剛嶄露頭角的愛因斯坦，也可能喜歡形狀簡單的拼圖。或許你的鳥寶

每一隻鳥寶都是獨一無二的。為你的鳥寶量身訂做他需要且喜愛的訓練課程吧！

還潛藏著音樂細胞，很多大型鳥類都能學會順著音樂節拍搖擺鈴鼓或是敲打棲木。

　　若是你有雙巧手，可以嘗試為鳥寶親手做些獨特的遊戲訓練道具。在本書的最後有親手製作訓練道具的 DIY 教學內容可以參考。當然，你也可以發揮創意，自創一些道具與訓練課程，但別忘了要隨時以鳥寶的安全考量作為出發點。請確認每一個你購買或親手製作的道具都是安全的，若是鳥寶出現任何不悅與惱怒的徵兆，就要將訓練課程回溯到前一兩個步驟，這一點請銘記在心。

　　記住，沒有什麼事情比讓你和鳥寶享受訓練過程更為重要。在我的家裡，不論我要進行的是哪一種訓練，我的鳥寶都會爭先恐後地搶出頭，即使訓練結束依舊意猶未盡。所以讓我在此先祝福你和你的明日之星一切順利，樂於其中。

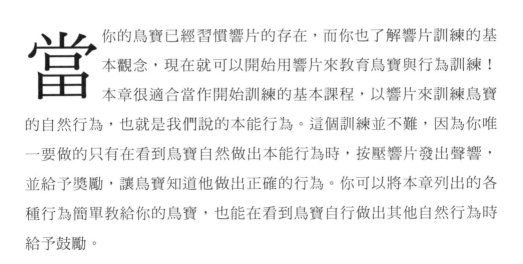

Chapter 3

訓練自然行為
的指令

當你的鳥寶已經習慣響片的存在，而你也了解響片訓練的基本觀念，現在就可以開始用響片來教育鳥寶與行為訓練！本章很適合當作開始訓練的基本課程，以響片來訓練鳥寶的自然行為，也就是我們說的本能行為。這個訓練並不難，因為你唯一要做的只有在看到鳥寶自然做出本能行為時，按壓響片發出聲響，並給予獎勵，讓鳥寶知道他做出正確的行為。你可以將本章列出的各種行為簡單教給你的鳥寶，也能在看到鳥寶自行做出其他自然行為時給予鼓勵。

點點頭

　　任何大小的鳥類都能學會點點頭，因為大多數的鳥類自己三不五時就會點點頭。有些鳥類會把上下擺動頭部當成運動，有時也會在有說話聲或其他聲音出現時見到鳥寶點點頭。這一節，我們將用指令來

點點頭是鳥類的自然行為，也是可以很輕易教會鳥寶的簡單把戲。

訓練鳥寶點點頭。

不論你什麼時候看到鳥寶上下擺動頭部，都請按壓響片發出聲響，並立刻提供鳥寶獎勵，若是能讓鳥寶了解響片的聲音所代表的意思是最好，如果不行，那就可能需要花一些時間來進行訓練。

或是可以換另一種方法，先給鳥寶看到你手上的零食，然後手中拿著零食上下擺動，這時鳥寶的視線會追著零食走，當他做出上下點頭的動作時，就立刻按壓響片發出聲音，並同時給予他獎勵。

不管你要進行的是哪一種訓練，務必事先確定好你要使用的指令方式。不論你是要結合語言加手勢，或是語言和手勢二擇一。在此，我有一個過來人的忠告要提供給你：盡情發揮你的聰明才智，讓你的指令動作比單單移動手指上上下下更有創意。大部分的人在看到鳥類的時候，都會在他們面前上下移動手指來吸引鳥類注意。若你不慎讓鳥寶認定上下移動手指就是要他點點頭的指令，那問題就大了，鳥寶很快就會因此顯露出惱怒與煩躁的樣子，因為他確實按照其他人給予的指令做出回應，卻得不到應有的獎勵。所以，請用不同的語言或手勢來教育鳥寶點點頭吧！

搖搖頭說不

　　相對於點點頭，搖搖頭也是鳥類的另一種自然行為。在一般情況下，鳥類會在理毛後、遊戲中，以及其他常見的活動中搖頭。請試著在看到鳥寶做出搖頭的動作時，按壓響片發出聲音，並立刻給予獎勵。

　　倘若你的鳥寶在一般情況下不太會搖頭，那麼可以嘗試往他的臉上溫柔吹氣，請注意，「溫柔」是這個訓練的關鍵字，千萬不能用驚嚇或敲他作為手段。只要溫柔的吹氣，就能激發鳥類搖頭的本能反應，只要鳥寶一搖頭，立刻按壓響片發出聲音，然後提供獎勵。

　　所有的訓練都能偷偷藏進一些小祕密，你可以設計比較低調的手勢動作，作為給鳥寶的指令，讓其他人不那麼容易看出來。這將為那些不懂你與鳥寶間共有祕密指令的朋友們，帶來極為深刻的印象。

　　在開始任何訓練時都要給予指令，並且保持指令的一致性。

跳舞

　　許多大型鳥類在有所要求的時候，通常會做出搖擺或前後搖晃的動作。這種乞求的行為可以輕易被轉化為跳舞的技藝。

　　就如同之前的訓練一樣，先決定一個指令的方式。一開始可以給予誇大的指令方式，然後逐漸趨緩，直到除了你和鳥寶以外，沒有人看得懂你是怎麼給予鳥寶指令的。

通過訓練讓鳥寶進行自然搖擺的行為，讓鳥寶看起來就像是在跳舞一樣。

　　當你注意到鳥寶準備要擺動身體前後搖滾了，試著跟他一起前後搖滾一下，將這種方式作為跳舞的指令。當鳥寶做到時別忘了獎勵他，無論是零食或是情感面的獎勵方式都行。每一次只要看到你的鳥寶開始前後搖滾，就做出指令動作、按壓響片、奉上獎勵。很快地，你的鳥寶就會回應指令，而不是像之前一樣漫無目的地擺動。再重複一次，鳥寶回應指令，按壓響片、給予獎勵。

　　若是鳥寶已經學會隨意的擺動後，請試著將指令動作變得更簡單，例如將手指稍稍從一側擺動到另外一側。跳舞可是多數大型鳥寶的得意技藝，因為舉起腳爪對他們來說是很自然的行為。甚至小一點的鳥寶也

能學會這個行為，只是對小型鳥寶來講，搖擺或跳舞可能還是有點難度。

揮揮手

雖然說是揮揮手，但事實上應該算是「揮揮腳」。要開始這個行為訓練，請先將你的鳥寶放置在站架檯上，然後用你平常要讓鳥寶上手的方式靠近他。

揮揮手的動作，其實就是由鳥寶上你的手時的動作轉化而來。

當你的鳥寶舉起一隻腳爪準備踏上你的手時，按壓響片並下「揮手」的口令。至於手勢帶不帶都可以，由你自由決定。給予獎勵，然後重複這個步驟。記得一定要同步搭配「揮手」的口令以及你想加上的手勢，使用「揮手」口令，是為了不讓鳥寶將這個動作與「上手」的行為產生連結。很快地，你的鳥寶聽到口令就會自己舉起腳，而不會想要爬上你的手，甚至準備好要跟你揮一揮了。有時候溫柔的碰觸鳥寶的腳部，能讓鳥寶將腳抬得更高一些。當鳥寶能將腳抬高後，你可以嘗試移動手指去輕點想讓鳥寶舉起的腳。

展翅的指令也是鳥寶很容易學習的一種技藝。教會鳥寶完成這些自然的行為，是在奠定訓練的基礎，往更複雜的技藝訓練邁進。

展翅

　　展開雙翅是鳥類自然行為的其中一種，很容易就能轉變為指令動作。這邊有幾種訓練方式提供你做參考。

即使是再微不足道的小動作，都要立即給予獎勵與誇獎。

方法一

　　先將你用作指令手的食指與小指伸出來，然後將中指、無名指與大拇指捲曲在一起成 U 字型。這時你的鳥寶應該會待在你另一隻手上，請將你的指令手朝著鳥寶的羽翼，跟著下口令「打開」。第一次時，你必須確實的用食指與小指碰觸到鳥寶的翅膀。通常只要輕輕碰觸到鳥寶收起來的翅膀，鳥寶就會因為

閃避而展翅。請記得，你只需要在訓練最剛開始時，使用手勢指令上伸出的手指觸碰鳥寶的翅膀。當你的鳥寶成功的展開翅膀後（即使你必須給予一些幫助），按壓響片並立刻給予獎勵。

這個指令需要很多次的練習，當你的鳥寶學會應對口令或手勢之後，你可以逐漸改變手勢動作的比重，直到手勢動作靠近鳥寶，鳥寶就會自行展翅，不再需要每次輕觸鳥寶的翅膀，並漸漸地將手勢遠離鳥寶，最後只要做出手勢動作，不用靠近也能讓鳥寶展翅。

方法二

讓鳥寶待在一隻手上，緩緩向後傾斜你的手腕，這時鳥寶為了維持平衡，自然就會展翅。每次鳥寶展翅都搭配口令「打開」，也可以按照你的需要，配合第一個方法的手勢建議。當鳥寶成功展翅後，立刻按壓響片並提供獎勵。這個方法非常適合小型鳥使用。

方法三：「雄鷹展翅」

這是展翅訓練的變化型，不只要讓鳥寶展開翅膀，更是要讓你的鳥寶盡其所能展開雙翼，如雄鷹展翅一般。當鳥寶站在你的拳指上時，緩緩將鳥寶舉到與你眼睛同高的位置，然後下口令「Eagle（音似：依果）」，接著緩緩向後轉動你的手軸，或是緩緩將手下移（大約三到五公分）。當鳥寶展翅後立即按壓響片並給予獎勵。

「看不到」是可愛又需要一點技巧的訓練，
相信鳥寶的這個動作絕對可以萌殺你的家人
與朋友。

看不到

　　展翅與雄鷹展翅訓練的變化型就是看不到訓練了。在理毛或伸懶腰的時候，幾乎大多數的鳥類都會伸出一隻翅膀來蓋住他們的臉。當鳥寶做出這個動作時，按壓響片並給予獎勵，同時每一次都要下「看不到」的口令。你也可以輕輕移動鳥寶的翅膀來蓋住他們的眼睛，同時搭配口令「看不到」，並按壓響片，同時給予獎勵。

Chapter 4

簡易訓練

不論你要進行的是哪一種類型的行為訓練，第一個步驟絕對都是讓鳥寶熟悉訓練道具。這需要付出很多的耐心，才能讓鳥寶習慣訓練道具，並感到自在與安心。

剛開始請先將道具放在桌上，並且必須是鳥寶覺得「安全」的距離以外，有可能會遠到桌子的另外一端。有些鳥寶天性就比較容易受到驚嚇，有些則與生俱來帶有強烈的好奇心。若是你的鳥寶屬於膽小型的，那道具就要放在離鳥寶比較遠的位置；相反地，若你的鳥寶是屬於渴望新鮮事物的類型，就可以直接讓鳥寶接近訓練道具。

將響片與獎勵準備好，不論是什麼時候，只要鳥寶往訓練道具移動，就要按壓響片並立即給予獎勵。這個步驟可能要花費幾分鐘到數天不等，直到鳥寶放下對道具的戒心，並願意縮短與道具之間的距離到足以進行訓練為止。

　　若是鳥寶願意主動靠近訓練道具，那我們就可以開始進行步驟二的訓練了！

　　請千萬記得我們一直提過的重點，「要結束訓練課程時，請確認鳥寶當下是處於正向積極的狀態。」

重點提示

■ 別忘了每個小步驟都要給予獎勵與不斷地誇獎。

■ 若是鳥寶有混亂或惱怒的徵兆，將訓練回到前一兩個步驟，讓鳥寶進行已經學會的訓練。

■ 只有在鳥寶處於正向積極的狀態下才能結束課程。

轉圈圈

難易度	簡單。
訓練道具	站檯、零食。
適合的鳥寶	不限。
訓練時間	約二至十五分鐘。
訓練目標	讓鳥寶能遵照指令進行轉圈。
訓練細則	轉圈圈是可以教會任何鳥寶的自然行為，因為鳥類無時無刻都會轉動身體，無須特別刺激。從錐尾鸚鵡到金剛鸚鵡等任何一種鳥寶都可以學習。

步驟一

　　讓你的鳥寶在站檯上站好，然後手握零食移動到鳥寶的兩側。這時

鳥寶會為了盯著你手上的零食而轉頭，請按壓響片並給予大量的誇獎與充滿愛意的撫摸。

步驟二

多進行幾次步驟一的訓練，直到鳥寶完全理解轉頭的行為可以讓他獲得獎勵。接著是這個行為訓練的重點，設定給鳥寶的轉身指令。建議可以將手握成拳頭，向下伸出食指，然後在空中畫圈圈，做為讓鳥寶轉身的指令。你可以決定要不要同時搭配其他指令，例如下口令「轉轉」。

步驟三

將拿著零食的手，稍微遠離鳥寶的頭頂，鳥寶會努力試著尋找零食，但是不見得會移動身體，不過終究還是必須要稍微轉一下身體才能找到零食。當你看到鳥寶轉動身體時，按壓響片並給予零食，還有大大地誇獎他一番。

當鳥寶能輕鬆自在地完成以上步驟後，就請開始試著將握著零食的手移動到鳥寶的背後。為了確實盯住零食，鳥寶就必須要完成轉身的動作。記得要讓鳥寶看到零食，然後親自用你的手引導鳥寶轉到另一側。

步驟四

這步驟可能需要你雙手共用了，步驟可分為下指令，讓鳥寶看到零食，然後將零食移動到鳥寶的背後。請將你的一隻手移動到鳥寶必須轉頭才能看到獎勵的地方。

當鳥寶轉頭，而且也了解必須轉動更大的幅度才能獲得獎勵時，請在鳥寶完成轉身且提供獎勵給他之前，把零食換到另一隻手，將零食再次移動到鳥寶的背面，這時候鳥寶應該會為了盯住零食，而完整地轉完一圈回到原點。剛開始，這個行為訓練可能需要你拆分成兩段來進行，先讓鳥寶轉半圈，再完整的轉回來完成一次動作。最後在鳥寶只轉動半圈時不提供獎勵，直到他能確實轉回原地，完成一個完整的動作後才提供獎勵。

記得，大量的誇獎、愛的摸摸、以及滿溢地熱情都能讓鳥寶表現得更好。

翻筋斗

難易度	簡單。
訓練道具	站檯、零食。
適合的鳥寶	大多數的種類。
訓練時間	每節課程約二至十五分鐘。
訓練目標	讓鳥寶做出完整的翻筋斗。
訓練細則	翻筋斗訓練需要很多的耐心，但是對於老是喜歡表演誇張雜技的鳥寶來說沒有什麼難度（很多鳥寶都會這樣做）。不過，對於比較文靜的鳥寶來說，這個訓練就不是那麼適合他們了。請觀察你的鳥寶在遊戲時的表現，若他總是能做出一些讓你驚嘆的動作，那麼要教會他翻筋斗就不成問題。

步驟一

讓鳥寶安穩待在站檯上，接著將零食移動到鳥寶的下方，這時鳥寶必須低下頭才能用眼睛盯著零食。多做幾次這個動作，只要每次看到鳥寶低頭就按壓響片並提供獎勵。記得不要每次都用零食當獎勵，多多誇獎與充滿愛意的摸摸也一樣有效。

步驟二

給予視覺引導指令。將你的食指伸出，保持水平，然後做出繞圈的動作，這就是一種視覺引導指令。訓練時可以將這個手勢動作，搭配口令「翻過去」一起使用。

步驟三

在進行這個步驟的練習之前，必須先確保你的鳥寶在經過之前的調適訓練後，對於將頭低下的行為沒有產生排斥。而在這個步驟也必須用到你的另一隻手作為輔助。首先，如同步驟一的動作，將零食移動到鳥寶下方，然後用另一隻手將零食移到更低的位置，幾乎位於鳥寶的正下方。這時鳥寶的動作應該差不多處於頭下腳上吊掛著的狀態，請按壓響片並提供獎勵。

步驟四

移動你的手和零食，引導鳥寶從棲木上往下轉過一圈來得到零食。這個步驟對很多鳥寶來說很困難，要完成這個步驟會花費比前三個步驟還多的時間，請務必保持耐心。如果你的鳥寶表現出任何沮喪或害怕的徵兆，請回到前一個步驟，且不能催促。只要你的鳥寶能做出之前幾個步驟的動作，都要按壓響片並提供獎勵。如果鳥寶能成功做出翻筋斗的動作，一定要立即按壓響片並用大大地鼓勵與疼愛來獎勵他，為他的成功給予熱烈的掌聲。

倉鼠滾輪

難易度	簡單。
訓練道具	倉鼠滾輪（應該任何寵物店都能買到）。
適合的鳥寶	小型鳥類，例如虎皮鸚鵡。
訓練時間	每節課程只能進行一小段時間，不然可能使鳥寶產生壓力。
訓練目標	讓鳥寶學會踩著倉鼠滾輪玩耍。
訓練細則	在最剛開始訓練的時候，請將滾輪的開口對向你自己，讓鳥寶可以直接看到你，這能帶給鳥寶安全感，感覺到你就在身旁。請使用一體成形，沒有空隙的滾輪，並免鳥寶踩空傷到腳爪。

因為不同於其他訓練有針對大型鳥類設計的產品，這個訓練的族群主要是小型鳥類。

步驟一

　　請先設定每一次進行訓練時所要使用的指令。這是非常容易讓小型鳥寶學會的訓練課程，有些虎皮鸚鵡本身就很喜歡飼主在籠內幫他們放置倉鼠滾輪當作玩具。如同每一個訓練的第一步，請先讓鳥寶熟悉訓練道具的存在，接著才能進入步驟二。

步驟二

　　將鳥寶放進滾輪裡，同時按壓響片並給予獎勵，當鳥寶可以安定且自在地進入滾輪時，請務必給予大大地誇獎。若是鳥寶在滾輪裡的樣子看起來怡然自得，接著就可以進入步驟三。

步驟三

　　緩緩轉動滾輪，讓鳥寶可以在滾輪中順順地行走，同時按壓響片、

提供獎勵、給予誇獎。等到鳥寶可以穩定在滾輪內行走後，請進行步驟四。

步驟四

讓鳥寶進入滾輪後，耐心等待一會兒，觀察鳥寶會不會自己嘗試走個幾步。若沒有的話，可以用手緩緩轉動滾輪讓鳥寶行走。一旦鳥寶願意自己踏出幾步踩動滾輪，就可以進入步驟五。再次提醒，每次都要按壓響片、提供獎勵、給予誇獎。

步驟五

鳥寶現在應該已經知道自己必須用行走來轉動滾輪，以換取獎勵。延後提供獎勵的時間，讓鳥寶在滾輪中多走幾步，最後鳥寶就會在滾輪內行走或小跑步了。

替代方案

如果你的鳥寶屬於動一動都嫌麻煩的類型，你可以訓練他穩定地待在滾輪裡，並緩緩地幫鳥寶轉動滾輪。再說一次，是「緩緩」轉動，如果你恨鐵不成鋼地加快轉速，可能會驚嚇到鳥寶。對於這種類型的鳥寶，讓他們舒適自在地習慣轉動中的滾輪，是最重要的關鍵。

倉鼠球

難易度	簡單。
訓練道具	倉鼠球或天竺鼠球。
適合的鳥寶	任何能進入到球內且有足夠活動空間的鳥寶。
訓練時間	每節課程約十至十五分鐘。
訓練目標	讓鳥寶進入倉鼠球內並滾動它。

步驟一

請先設定針對這個訓練課程所要使用的指令。提供誇獎與鼓勵，讓鳥寶熟悉訓練道具的存在。當鳥寶在倉鼠球四周都能感到輕鬆自在後才能進入步驟二。

絕對不要將倉鼠球放在桌子上，鳥寶可能會摔下桌子並受傷。如果你讓鳥寶進入倉鼠球，並將倉鼠球放在地板上，也要注意不要讓鳥寶與倉鼠球撞到地上的任何一件東西，更要保證四周沒有其他具有狩獵本性的寵物會傷害到他。

步驟二

將鳥寶最愛的零食放進倉鼠球裡面，請務必確認並固定好倉鼠球，不能讓倉鼠球四處滾動。按壓響片、提供獎勵、給予誇獎是不能省的重要步驟。若是鳥寶能在倉鼠球內自在活動，就可以進入步驟三。

慢慢地引導你的鳥寶進入倉鼠球。許多鳥寶一開始會害怕這種封閉的空間。

步驟三

請非常小心的將倉鼠球的蓋子蓋上，一定要特別注意鳥寶的尾巴、羽翼與雙足都有進入球內，然後稍微等一下，同時試著和倉鼠球內的鳥寶說說話並給予誇獎。接著打開蓋子，按壓響片、提供獎勵、給予誇獎。當鳥寶願意長時間待在倉鼠球內之後，再來就要進行步驟四。

請注意,絕對不能讓鳥寶的腳或尾巴被蓋子夾到,避免鳥寶對倉鼠球感到害怕與排斥。

一旦鳥寶能接受進入倉鼠球後,只要在鳥寶開始行走時提供獎勵就好,漸漸的,鳥寶就會願意用倉鼠球進行長距離的移動。

步驟四

　　請將進入倉鼠球內的鳥寶放置在非常平滑,且沒有高度落差的平面上。若是將鳥寶放在鋪上地毯或是鋪滿磁磚的平面上,鳥寶就很難移動倉鼠球。接著可以稍稍給予倉鼠球一點推力,這樣鳥寶就會跟著在球內移動。千萬要注意,絕對不能大力推球,避免造成鳥寶驚慌。

　　再次提醒,請讓鳥寶在球內輕鬆自在地悠閒行走,這樣他才會愈來愈喜歡你安排的訓練課程。你付出愈多的耐心,鳥寶回饋給你的信任度就愈大。如果鳥寶已經可以自行在倉鼠球內試著走幾步的話,讓我們繼續進行步驟五。還有,別忘了按壓響片、提供獎勵、給予誇獎。

你可以試著將倉鼠球放在軌道上。若是你有很多隻訓練過的鳥寶,那麼不妨嘗試幫他們舉辦一場滾球比賽吧!

步驟五

在進行這個步驟前，鳥寶應該已經可以在倉鼠球內自己走個幾步了。現在，你必須將鳥寶走動的距離拉長。從這個步驟開始，不用鳥寶每走幾步就給一次獎勵，而是要讓鳥寶走了足夠長的距離後再提供。鳥寶的每一小步，都是延長距離的一大步。

小賽車

難易度	簡單。
訓練道具	倉鼠用的小賽車。
適合的鳥寶	小型鳥類（例如虎皮鸚鵡）。
訓練時間	每節課程約十至十五分鐘。
訓練目標	讓鳥寶進入小賽車內，並在裡面慢走或奔跑。

步驟一

請先設定好這一項訓練所要使用的指令。這個訓練的進行方式其實

這種樣式的小賽車並不是很常見的商品，若你在寵物店沒有找到，可以請店員協助訂購，或是上網搜尋。

跟倉鼠球是一樣的，唯一的不同點在於，小賽車不像倉鼠球一樣可以 360 度全方位的滾動，它只能筆直前進。在步驟一，我們依然要不斷給予誇獎與獎勵，讓鳥寶習慣訓練道具的存在。

步驟二

　　將鳥寶最愛的零食放進小賽車的滾輪裡，請務必確認滾輪有牢牢固定住，不會前後滾動，配合按壓響片、提供獎勵、給予誇獎。當鳥寶在滾輪內表現出輕鬆自在的樣貌時，就可以準備進行步驟三。

不論你要進行的是哪一種訓練課程，第一步一定都是要花費一些時間讓鳥寶習慣訓練道具的存在。

步驟三

　　請非常小心的將小賽車的滾輪蓋子蓋上，一定要特別注意鳥寶的尾巴、羽翼與雙足都有進入滾輪內。由於滾輪的空間比倉鼠球的空間來得要小，所以這個步驟對鳥寶來說可能稍微有那麼點困難，需要比較多的時間調整適應。

　　當鳥寶完全進入小賽車的滾輪後，稍微等待一下，同時和滾輪內的鳥寶說說話並給予大大地誇獎。接著打開蓋子，按壓響片、提供獎勵、給予誇獎。當鳥寶願意留在滾輪內的時間延長之後，再來就可以進行步驟四。

步驟四

　　請將滾輪與小賽車組裝起來，並放置在平滑的平面上。若是放在鋪上地毯或是鋪滿磁磚的平面上，鳥寶會很難移動小賽車。接著可以稍稍

給予小賽車一點推力,這樣鳥寶就會跟著在滾輪內走動。千萬要注意,絕對不能大力推動小賽車,避免造成鳥寶驚慌。

老話重談,你的目標是讓鳥寶在滾輪內輕鬆自在地悠閒行走,這樣他才會愈來愈喜歡你安排的訓練課程。你付出愈多的耐心,鳥寶回饋給你的信任度就愈大。

步驟五

到這個步驟,鳥寶應該已經可以在小賽車內自己走個幾步了。現在,你必須將走動的距離拉長。從這個步驟開始,不用鳥寶每走幾步就給一次獎勵,而是要讓鳥寶走了足夠長的距離後再提供獎勵。鳥寶的每一小步,都是延長距離的一大步。

若是你的鳥寶已經可以在小賽車內走幾步了,試著延長他行走的距離,在到達你預設鳥寶能走達的長度後,再提供獎勵。

爬梯子

難易度	簡單。
訓練道具	梯子。
適合的鳥寶	不限，但是適用於大型鳥寶的梯子道具可能不是很容易找到。（如果想要省錢的話，可以嘗試自行使用木頭插銷來製作。）。
訓練時間	每節課程約十至十五分鐘。請參考鳥寶的行動力作調整。
訓練目標	讓鳥寶爬上梯子。
訓練細則	只要將梯子安置在桌上或地板上，鳥寶就會自己去爬梯子。

　　攀登梯子的訓練方式有很多種，小型鳥寶似乎對梯子特別的情有獨鍾，他們很容易就能學會自行上上下下攀登梯子，如果你一開始是從地板上提供梯子讓鳥寶攀登，鳥寶很快就會自行爬上梯子，因為大部分的鳥類都不喜歡待在地面上，這是天性使然。

步驟一

　　別忘了設定進行訓練時所要使用的指令，並讓鳥寶習慣訓練道具的存在。大多數的鳥籠裡都會預先配置一款梯子讓鳥寶上下攀爬，如果鳥寶已經會攀爬梯子了，那你不妨給予這個訓練追加一些難度。

大多數的鳥寶都已經會攀登梯子了，所以這個訓練沒有太大的難度。

53

步驟二

　　將零食放在梯子的頂端，然後讓鳥寶登上第一層臺階。當鳥寶做到時，請按壓響片、提供獎勵、給予誇獎。如果每一次鳥寶都能順利登上階梯後，請進行步驟三。

步驟三

　　這一個步驟要嘗試讓鳥寶多上幾層階梯，因此不要太快給予獎勵，直到鳥寶爬上你預期的階梯數，別忘了要按壓響片、提供獎勵、給予誇獎。當鳥寶爬出心得後，讓我們繼續進行步驟四。

步驟四

　　在這個步驟，我們的目標是要讓鳥寶從頭到尾爬完整座階梯，因此要在完成這個目標後才給予獎勵，只要鳥寶能順利爬完整座階梯，請按

當攀登梯子對你的鳥寶來說已經沒有難度時，你可以嘗試讓鳥寶接著橫越棲木或是繩索。

壓響片、提供獎勵、給予誇獎。到這個步驟其實就已經完成本次訓練課程的目的了，你可以在此打住，也可以繼續和鳥寶挑戰步驟五。

步驟五

在這個爬梯子的延伸訓練中，我們要讓你的鳥寶像探險家一樣，橫越過繩索或棲木到達附設的梯子。繩索或棲木的兩端都可以架設一道梯子，提供獎勵引導鳥寶在棲木上移動，只要鳥寶每次都能輕鬆完成這個項目，那我們就能繼續進行步驟六。別忘了要同時配合按壓響片、提供獎勵、給予誇獎。

對於大型的鳥寶，你可以訓練他們從木柱上往下滑，作為替代走過繩索或棲木到達另一端的方案。

步驟六

當鳥寶能夠走過棲木到達另外一端之後，請利用零食引導鳥寶回到梯子上。當鳥寶可以做到這個步驟後，按壓響片、提供獎勵、給予誇獎。當鳥寶做得很順手之後，繼續進行步驟七。

步驟七

你的鳥寶已經可以攀上棲木，然後走過棲木到達另外一端的梯子，這時候請先不要提供他獎勵，改成將零食放在桌上，這樣鳥寶就必須走下梯子才能吃到零食，別忘了要按壓響片、提供獎勵、給予誇獎。

最後，鳥寶就能完成從棲木的一端爬上樓梯，走過棲木，再從另外一端下樓梯這整組動作。

步驟八 —— 挑戰項目

這一段是另外增加的挑戰項目，你可以訓練鳥寶用嘴巴叼著小型的平衡竿，像「走鋼索」一樣穿過綁緊的繩索，然後放下平衡竿，再走下樓梯。

搖搖馬

難易度	簡單。
訓練道具	棲木搖搖馬。
適合的鳥寶	不限。但是你必須先確認棲木搖搖馬的尺寸是否適合鳥寶。
訓練時間	約十至二十分鐘。但是如果你的鳥寶很享受搖搖馬，你可以將課程時間延長。
訓練目標	讓鳥寶願意登上搖搖馬棲木，並前後搖擺。
訓練細則	鳥寶可以被放在搖搖馬棲木上，或是讓他自己走到搖搖馬棲木，然後爬到棲木上。鳥寶可以接受訓練者幫他搖動搖搖馬棲木，或是鳥寶自己知道如何前後搖動搖搖馬棲木。

步驟一

設定好進行這個訓練所要使用的指令，並讓鳥寶習慣訓練道具的存在。別忘了按壓響片、提供獎勵、給予誇獎。

步驟二

一旦你的鳥寶在搖搖馬棲木附近也能表現得輕鬆自在，你就可以嘗試將鳥寶放上搖搖馬棲木。請務必確認搖搖馬棲木有牢牢固定，不能翻倒或搖動。這個步驟可以慢慢來，當鳥寶願意留在棲木上時，請按壓響片、提供獎勵、給予誇獎。持續這個步驟，直到鳥寶能在搖搖馬棲木上待上一段時間。

步驟三

　　輕輕地幫鳥寶搖動棲木，並在你搖動的同時給予鳥寶大大地誇獎。記得配合按壓響片、提供獎勵、給予誇獎。持續這個步驟，直到你前後多次搖動棲木，鳥寶也一副無所謂的樣子後，就能進入步驟四了。

步驟四

　　用手將零食展現在鳥寶的面前，並讓鳥寶嘗試得到零食。請務必確認搖搖馬棲木不會翻倒。為了要得到零食，鳥寶會學到如何移動身體的重心位置，使搖搖馬棲木開始搖動。當鳥寶做到時，別忘了按壓響片、提供獎勵、給予誇獎。多重複幾次這個步驟，然後就立刻停止提供獎勵，直到鳥寶可以讓搖搖馬棲木前後多搖晃個幾次後，才能得到獎勵。

套圈圈

難易度	簡單。
訓練道具	固定的木椿與套環。
適合的鳥寶	不限，但是套環的尺寸必須按照鳥寶的大小進行調整。
訓練時間	每個課程約二至十五分鐘。
訓練目標	讓鳥寶自行撿起套環，或從你手中取得套環，並準確套進木椿。
訓練細則	在你開始進行訓練課程之前，必須先行在腦海中，將訓練項目清楚拆分成一個一個的訓練步驟。開始訓練課程時，請牢記你的目標與期望。

　　當你設定好在這個訓練項目要做的口令或手勢（是否要搭配使用可以自由決定）之後，如同其他的訓練項目一樣，套圈圈也有很多種玩法可以選擇，以下提供幾個建議，請自由挑選最適合你和鳥寶的遊戲方式。

玩法一

步驟一

同樣要先讓鳥寶認識訓練道具。在跟鳥寶介紹訓練道具時，最推薦的方式應該是將木樁與套環放在桌子的一端，然後讓鳥寶待在桌子的另外一端。當鳥寶主動靠近訓練道具時請按壓響片並給予獎勵。持續這個訓練直到鳥寶會自行靠近，甚至還會主動碰觸訓練道具。之後就可以進入步驟二。

步驟二

現在你的鳥寶已經會主動靠近訓練道具了（包含套環），我們的下一個步驟是要讓鳥寶使用他的喙來觸碰道具。請試著將零食拿在手上，等個幾秒先不要提供給鳥寶。有些鳥寶會因此產生困惑並轉移行為，用嘴喙觸碰訓練道具。這就是我們期望看見的結果，當鳥寶做出這個行為時，請立刻按壓響片並提供獎勵給他。

請試著重複這個訓練，直到鳥寶了解到自己必須碰觸到訓練道具才能得到獎勵。如果鳥寶一直都沒有主動碰觸訓練道具，就要用零食來誘導他。先將零食秀給鳥寶看，接著將零食放在木樁的頂端。當他伸長了身子並用鳥喙碰觸到道具時，請按壓響片並給予獎勵。

請重複幾次上述的步驟，直到鳥寶會主動碰觸道具取得零食為止。等訓練過一段時間後，就不要再給予零食了，而是改成用手做出指示或觸碰木樁的頂端，這時鳥寶也會跟著觸碰木樁，鳥寶的這個動作是希望

你能再次把零食放在木樁上面，若是看到這個動作，請同時按壓響片並給予獎勵。

等到鳥寶沒有絲毫猶豫就能觸碰訓練道具，就等於為步驟三做好準備了。

步驟三

將套環拿在手上，並放在木樁的頂端，靠近鳥寶的嘴喙。當鳥寶碰觸套環時，按壓響片並給予獎勵。這時鳥寶的動作可能有兩種狀況，一是輕輕啄一下，二是確實的用嘴喙叼住套環。當鳥寶會確實的碰觸套環後，就必須試著延長鳥寶碰觸套環的時間。

這時請稍微拖延按壓響片的時機點，不要這麼快讓響片發出聲響，有些鳥寶可能會因此感到暴躁或惱怒而叼著套環不放。注意鳥寶的狀況，感覺時間差不多時再按壓響片並給予獎勵。

在步驟三，你可以在鳥寶碰觸套環時，順勢讓套環從木樁上落下，用不了多久，鳥寶就會自己在木樁上套圈圈了。

　　持續這個步驟讓鳥寶學會叼住套環一段時間，當你認為沒問題後，就能進入步驟四。請注意，結束訓練的原則是鳥寶必須處於積極正向的狀態，若你的鳥寶一直表現出惱怒的樣子，請回到前幾個步驟，讓鳥寶完成已經學會的課程後再結束。

步驟四

　　請將套環從木樁上方套進木樁，和底座相隔一點距離，然後讓鳥寶叼住套環。若鳥寶叼住了套環，由於套環被木樁限制住無法拿出，所以鳥寶應該就會自行鬆嘴。若是這個預期的結果出現（而且沒有做出試著拔出套環的行為），套環應該已經順利套進木樁。請按壓響片並給予獎勵。

　　持續這個訓練，直到鳥寶玩出心得與樂趣。當鳥寶很順手之後，可以將套環移到更高的地方。若是鳥寶可以從木樁最頂端叼住套環，並將套環投進木樁，就可以進行步驟五。

步驟五

　　步驟四是將套環套在木樁上，讓鳥寶上上下下移動，步驟五則要正式教鳥寶拿套環玩套圈圈。請將套環放在木樁上方，並稍微遠離木樁，鳥寶應該會主動過來取得套環，這個訓練步驟或許會需要一點時間。請記得，每隻鳥寶都有自己的學習速度，不論鳥寶花了一兩個星期的時間，甚至是一兩個月才學會一種訓練，都是合理的。請別介意，好好享受與鳥寶一起互動的親密時光吧。

　　只要鳥寶有成功將套環移動到木樁幾次，就將套環放到更遠的地

方，讓鳥寶為了取得套環，移動他的鳥仔腳多走個幾步路，再回來將套環放到木樁上，換取獎勵。千萬不要急功近利，讓我們享受這個過程。

記得一定要仔細確認過木樁或套環是否適用於你的鳥寶，你絕對不會希望看到金剛鸚鵡的腳被適用於小型鸚鵡的套環給套住，這有可能造成鳥寶過度拉扯腹肌進而成為疝氣，請確實應用你的聰明才智避免這種憾事發生。若是你認為玩法一的方式聽起來沒那麼讓你感興趣，那麼我們還有玩法二可以參考。

玩法二

步驟一

同樣是先讓鳥寶認識訓練道具。將訓練道具放置在桌上，盡可能將鳥寶安排在靠近道具，但又不會驚嚇到他的位置。當然，剛開始這個距離代表的可能是桌子的兩端。等到鳥寶已經不再在意道具的存在後，就可以逐漸地將鳥寶與道具間的距離縮短，每次縮短距離時，別忘了要密切觀察鳥寶的反應。只要鳥寶願意主動靠近道具，或是願意讓你將道具靠近他，就按壓響片，並給予零食作為獎勵。

有些鳥寶會直奔道具而去，有些則會刻意避開，不用刻意去要求鳥寶。若是你希望鳥寶能享受訓練的過程，並給予你信任，那就用耐心來教育他們。

當鳥寶已經接受訓練道具的存在，沒有任何負面表現，也能讓你將

套圈圈可不只一種玩法，你還可以反過來，讓鳥寶從木樁中將套環取出來交到你手上。

道具直接移到他身邊，那我們就可以進行步驟二了。

步驟二

一旦鳥寶習慣了身旁的訓練道具，那麼請從中拿起一個套環，只要鳥寶願意碰觸套環，請按壓響片並給予鳥寶喜愛的零食作為獎賞。

你也可以試著將零食放在桌上的套環堆上，引誘鳥寶靠近。為了得到這些零食，鳥寶或許會願意接觸套環。不得不說，這個方法會讓某些鳥寶習慣道具的速度遠比其他鳥寶快。

若你的鳥寶沒有立刻達到你的預期結果，不要放棄，鳥寶的學習速度都不一樣。別妄自認定自己養了一隻笨鳥寶。有些鳥寶的天性就是對周遭事物充滿好奇心，也很喜歡四處撿撿摸摸，有些鳥則比較「閉俗」，

天性害羞膽怯。請付出耐心慢慢給予鳥寶正向的訓練，這樣也能同時幫助鳥寶建立自信心。

如果鳥寶可以隨意碰觸套環，沒有什麼大問題，那麼你們已經為步驟三做好準備了。

步驟三

下一次鳥寶再碰觸套環時，先別急著按壓響片，稍微等一等。你的鳥寶可能會叼著套環並露出困惑的樣子，這正是我們想要的行為，這時就可以按壓響片並提供獎勵給他。

請增加鳥寶用嘴喙叼住套環的時間。這個步驟可能很快就能學會，也可能要花上數天到數個星期。

當鳥寶能做到後，就請進行步驟四。

步驟四

現在你的鳥寶已經可以叼著套環好幾秒鐘了，這時請將你的另一隻手（沒有拿響片的那一隻）靠近鳥寶。當你指示鳥寶撿起套

> 每一種訓練都是需要耐心的，請和你的鳥寶一起享受進行訓練的美好時光。

環後，請將你的手移動到鳥寶叼起的套環下方。當鳥寶鬆嘴時，套環就會掉到你的手上，這時請按壓響片並給予鳥寶獎勵。

持續這個訓練，直到鳥寶了解到自己必須把套環交到你的手上才有好事發生。在鳥寶理解前，這個步驟可能要持續個幾天，甚至更久。

當鳥寶已經會把套環交給你後，請進行步驟五。

步驟五

一旦鳥寶已經學會將套環交到你手上，現在請將手移動到離鳥寶比較遠的地方，並逐漸靠近木樁。記得，手的移動速度要緩慢。只要每一次鳥寶成功將套環交到你手上，那就再將距離延長得更遠。若是鳥寶能即時跟上你的速度，那就代表他已經理解你想要他做的行為是什麼了。現在你可以直接將手移動到木樁上方。再次提醒，不同的鳥寶在學習方面的快慢各不相同，只要他們理解了訓練遊戲的模式，學習其他訓練課程就會快多了。

當你的鳥寶確實完成這個步驟的訓練後，請進行步驟六。

步驟六

請將你的手放在木樁的正上方，透過你的手指間縫可以看到木樁的頂部，還不要讓木樁頂部超出你的手掌平面，只要能看到就好。若鳥寶每次都可以成功地將套環放在你手上，記得要按壓響片並獎勵他。

接著逐漸降低手的高度，讓木樁逐漸地從指縫穿過你的手掌，直到你的手完全靠到木樁的底部，並可以從鳥寶的嘴喙上得到大部分的套環為止。

若鳥寶可以毫無遲疑地完成訓練，請進行步驟七。

步驟七

請逐漸讓你的引導手消失在訓練中。有些鳥寶會自己認知到，你是要他們將套環套入木椿而非放到你的手上，但也有些鳥寶需要你慢慢地引導，一點一點的將手抽開，直到不需要出現在木椿附近為止。

現在，鳥寶應該已經學會從木椿旁邊取得套環，並且將套環套進木椿。

當這個步驟都沒有問題後，就只剩最後步驟八了。

步驟八

你的鳥寶現在應該已經成功完成這個訓練了。請試著將套環逐漸移動到更遠的地方，直到鳥寶叼起套環，必須移動他的鳥仔腳走上幾步，再將套環套進木椿之中。

如果在訓練的過程中，你的鳥寶出現任何受挫的樣子，或是對課程產生困惑不解，請回到前一兩個步驟，讓鳥寶進行他已經學會的課程。如果鳥寶的心境太過浮躁與不耐煩，就無法享受到訓練的樂趣。你絕對是希望鳥寶能和自己一起沉浸在訓練的愉快時光中的，對吧！

千萬記得，課程一定要在鳥寶的心境處於積極正向的狀態下才能結束，即使你可能必須回到前一兩個步驟。你要讓鳥寶感覺自己是個有用的成功者，而非失敗者。鳥寶絕對是會不遺餘力取悅你的寵物，只是他可能不知道你希望他怎麼做。這一點請務必在每一次的訓練課程中，重複提醒自己。

當然，玩法一感覺比較簡單好上手，但不代表適用於每一隻鳥寶，因為有一些鳥寶會用不同於其他同類的方式學習。第一次訓練難免會多花一些時間，之後的訓練課程就會逐漸變得輕鬆簡單。有些鳥寶只要花幾分鐘就能理解訓練課程要如何當成遊戲來玩，這些鳥寶或許能在短時間內達成訓練目標。

有些訓練者比較喜歡玩法二，因為玩法二的訓練方式，也能同時幫助鳥寶預先學會其他行為訓練課程的基礎，像是籃球遊戲、存錢遊戲等等，我們稱其為「拾回訓練」，可以應用在各種形式的行為訓練中。

我個人偏好玩法一，而你可以自由選擇自己喜愛的方式，只要記得，一定要配合響片與獎勵。還有，每一個訓練課程，都務必要在鳥寶處於積極正向的狀態下才能結束。

玩法三

拿出套環

如果你家中飼養的鳥寶不只一隻，也在其他的訓練課程中做過類似套圈圈的基本拾回訓練，那麼可以嘗試讓一隻鳥寶套圈圈，而另一隻鳥寶拿出套環。這個玩法可以讓你了解所謂的拾回訓練是如何幫助鳥寶學會其他玩法。

先讓鳥寶看見木樁頂端的套環，當鳥寶碰觸到套環時，請給予獎勵。將套環稍稍移近木樁的頂端，這樣鳥寶不需要太費力就能將套環取下並放到你手中。

只要鳥寶學會了這個步驟，下一步就是逐漸將套在木樁中的套環越放越低，最後鳥寶就必須學會從木樁的底部往上取出套環，再放到你的手中或是桌上。

玩法四

愛國鸚鵡

鸚鵡可以看見顏色並識別顏色的不同。在這個玩法中，你可以教導鳥寶將你指定的不同顏色的套環套進木樁中。

如果你有興趣的話，可以挑選國旗的三種顏色：紅色、白色、藍色。一次教會鳥寶認識一種顏色，先放紅色套環，等到鳥寶懂得紅色後，再來是放上白色套環，最後是藍色套環，以此類推。

你可以自由選擇玩法一或玩法二的方式來訓練鳥寶，只要你多用一點心思，相信不管是哪一種玩法，絕對都能創造出無限的樂趣。

過山洞

這是對於小型鳥寶來說非常簡單的訓練，雖說如此，這個訓練每一種鳥寶都能學會。

難易度	簡單。
訓練道具	大的罐子、桶子或任何捲成圓形的容器。 容器的兩端都要有開口，將底蓋移除，磨平尖銳的邊角，並徹底清理乾淨。建議使用紙製容器會比金屬製容器更好。
適合的鳥寶	不限，但是按照情況來說，小型鳥類的表現會比較好。
訓練時間	每個課程約五至十分鐘。按照鳥寶的集中程度做調整。

訓練目標	讓鳥寶從容器的一端進入，並走過容器後，從另一端出來。
訓練細則	先花費一點時間讓鳥寶習慣訓練道具，慢慢引導他穿過容器，直到鳥寶能自行從頭走到尾穿過容器。請務必從一而終使用先行設定好的指令方式。

步驟一

　　將隧道放置在桌上，四周可以放些吸引鳥寶的零食，若是鳥寶對於零食的渴望度不大，也能用親親抱抱來安撫。逐漸讓鳥寶接近訓練道具，讓鳥寶接受訓練道具的存在，這可能會花費你數星期，甚至更久的時間。

步驟二

　　在隧道的開口附近放些零食，讓你的鳥寶自由地在隧道附近探勘，即使是在隧道周邊活動也不會感到不快。只要每一次鳥寶接近隧道，都要按壓響片並給予獎勵。

在進行步驟一的訓練時，若是鳥寶碰觸或主動接近隧道就要給予獎勵。

步驟三

慢慢將零食放進隧道入口的邊邊。請在隧道兩側放置固定物，避免隧道滾動。等你認為鳥寶的行為很自在悠閒後，只要每次鳥寶願意將頭伸到隧道裡面，就按壓響片並給予獎勵。

訓練課程一定要在鳥寶積極正向的狀態下才能結束

步驟四

將零食放進隧道的內部，讓鳥寶需要稍微走的深入一些才能取得零食。別忘了按壓響片並給予獎勵。

步驟五

將零食放到隧道的出口，讓鳥寶必須確實穿過隧道後才能吃到好料。別忘了按壓響片並給予獎勵。

每個訓練課程都要按照鳥寶的學習速度進行，這樣能讓鳥寶更加享受訓練課程。

將零食放置於隧道之中，能鼓勵鳥寶試著進入隧道。

最終鳥寶能夠學會按照你的指令走過整條隧道。請記得我們的口訣：按壓響片、提供獎勵、給予誇獎。

敲鐘搖鈴

難易度	簡單。
訓練道具	鐘或相關的響鈴道具。
適合的鳥寶	任何品種的鳥類。
訓練時間	每個課程約五至十五分鐘。
訓練目標	讓鳥寶主動靠近掛起來的鐘,並用嘴喙敲響它;或是靠近掛起來的鐘後,拉動繩子敲響它;或是走向桌上的手搖鐘,將它拿起來搖響。最後鳥寶搖完鐘後,會把鐘放到你手上。還有一種,就是我們時常在飯店櫃檯看到的叫人鈴,讓鳥寶懂得按壓叫人鈴上的小機關發出聲響。
訓練細則	先決定好你要進行的是哪一款鐘鈴的訓練,確定好之後請從一而終,一次只做一種訓練。請務必記得,每一項課程都需要一步一步慢慢進行。

當你心中已經很清楚確定好自己要進行的是哪一種訓練之後,務必要貫徹執行,不能心猿意馬。設定好你要在訓練開始時使用的指令方式,不論是口令或手勢(也能兩者都用)。

玩法一

步驟一

將訓練道具放在桌上,並讓鳥寶試著熟悉與習慣它。當鳥寶願意靠近時就給予獎勵,請勿催促鳥寶,讓他按照自己的步調行動。

只要每一次鳥寶主動靠近道具,或是能接受你將道具移動到他身邊,就請按壓響片並提供獎勵。

當鳥寶在訓練道具周邊也能如平常一般表現,你就可以開始進行步

驟二了。請務必記得，每一隻鳥寶的學習能力各有不同，快慢表現不一。

步驟二

現在鳥寶已經能接受訓練道具的存在了，可以開始教鳥寶如何玩鐘了。請你先在一旁隨意把玩鐘，吸引鳥寶的興趣。有些好奇心旺盛的鳥寶，會飛也似地衝來看看你在玩什麼，甚至會想要自己撞撞鐘。若是你的鳥寶有這種表現，請按壓響片並立刻給予獎勵。

如果鳥寶只是稍微靠近，或是怯生生的碰一下鐘，也請按壓響片並立刻給予獎勵。有些鳥寶可能需要使用零食來引誘他接近鐘，請讓你的鳥寶看到零食，接著把零食放在鐘的旁邊，甚至是鐘的下方，藉此吸引他靠近鐘。讓取得零食成為驅使鳥寶主動靠近鐘的助力。別忘了要按壓響片並給予獎勵。

請持續這個訓練直到鳥寶習慣鐘的存在，沒有任何排斥的行為表現，並願意在你給予指令時，開始主動與鐘接觸。若是鳥寶的表現沒有問題，我們接著進行步驟三。

步驟三

當鳥寶主動碰觸鐘後，先不要給予獎勵。這個步驟我們希望的是，鳥寶能再次敲鐘，並讓鐘發出聲響（慢慢來不要急）。當鳥寶做到時，就可以按壓響片並給予他獎勵了。

持續這個訓練，直到鳥寶每次都至少能敲響一次鐘。當鳥寶上手

後，先不要給予獎勵，並祈禱與期待鳥寶會敲響第二次鐘。

當鳥寶可以敲響兩次鐘時，按壓響片並給予獎勵。當鳥寶達成目標後，請進行最後步驟。

步驟四

當鳥寶能穩定敲響鐘兩次，甚至更多之後，請將鐘緩緩從鳥寶身邊移開，每次只要移動幾公分。只要鳥寶敲響鐘之後，你就可以再次把鐘移開。

持續這個步驟，直到你認為鳥寶的運動距離足夠了為止。請記得，鳥寶的學習能力各不相同，若是鳥寶表現出困惑或惱怒的情緒反應，請回到前一兩個步驟，讓鳥寶做他已經學會的訓練。

玩法二

拉動繩子使鐘發出聲響

其實玩法二的訓練方式與玩法一差不多，唯一的不同點在於，玩法一是讓鳥寶自行敲鐘，而玩法二是用拉動繩子的方式使鐘發出聲響。在玩法二，鳥寶必須用嘴喙咬住鐘上的繩子，然後拉動繩子。玩法二的訓練道具，除了使用一般的鐘，也能使用排鐘（有音階變化的樂器），這些應該都可以在藝品店找到。不過在購買之前，請務必確認金屬材質或其他相關配件的部分不會對鳥寶造成傷害。

請在堅固的繩索上裝上大型圓珠，並繫緊在排鐘上，這樣當鳥寶拉動繩子時，就可以讓鐘發出聲音。在進行這個玩法訓練時，請讓鳥寶學

會拉動繩子使鐘發出聲音，取代用自己的小腦袋當鐘槌敲鐘。

玩法三

手搖鐘

在這個玩法中，你可以使用任何一種能安放在桌上的鐘作為道具，只要鐘的頂部有手柄就行，這樣鳥寶才能「爪握」並拿起手搖鐘，同時試著讓手搖鐘發出聲音。這個訓練也可視為是一種「拾回訓練」。

讓鳥寶用嘴喙叼著繩子並拉動，是敲鐘響鈴的其中一種玩法。

訓練的第一步驟就跟其他課程一樣。先讓鳥寶熟悉習慣訓練道具，並試著讓鳥寶接觸它。

接著，你要讓鳥寶拿起手搖鐘，最好能同時搖響它。大多數的情況下，鳥寶大概只會做到拿起手搖鐘而已，因為你沒注意到自己在鳥寶接觸到手搖鐘後就不再鼓勵他了。

一旦鳥寶拿起手搖鐘，先等待個幾秒鐘看看會發生什麼事。大多數的情況下，鳥寶可能會做出一些動作讓手搖鐘發出聲響，只要有聲響出現，就要給予獎勵。在完成這個步驟之後，請試著將手放到鳥寶抓著的手搖鐘下方，你的鳥寶應該會在手搖鐘響過後，將其丟在你的手上，這時請按壓響片並給予獎勵。

如果鳥寶對於整個流程都已經表現得很穩定後，你可以試著將手離遠一點，這個玩法的完整流程是希望鳥寶能拿起手搖鐘、搖響手搖鐘、將手搖鐘放到你手上。

玩法四

叫人鈴

在這個玩法中，除了要讓鳥寶習慣道具之外，也要讓鳥寶習慣叫人鈴的聲音。訓練前的習慣步驟沒問題後，請將獎勵零食固定在叫人鈴頂部的小旋鈕處，我們要先讓鳥寶習慣這個特殊的小機關。當鳥寶上手之後，下一步就是不要讓鳥寶自由取得零食，請將獎勵握在手上，放到小旋鈕的後方，讓鳥寶試著取得零食。由於這時候你限制住了鳥寶的行動，鳥寶可能會試著拖拉擋在你手前方的小旋鈕。當鳥寶做出這樣的行為時，也相當於撞到了小旋鈕，這時就可以按壓響片並給予獎勵。

想和鳥寶一起玩叫人鈴。第一步，在鳥寶碰觸叫人鈴時給予獎勵。

持續這個訓練直到鳥寶知道要怎麼玩。很快地，鳥寶就會知道要讓叫人鈴響，才能取得他的獎勵。如果你希望鳥寶可以多按幾次叫人鈴，先不要按壓響片與給予獎勵，當鳥寶再次按下叫人鈴後，再按壓響片與給予獎勵。

拉桶子

難易度	簡單。
訓練道具	可以搭配鐵鍊或繩索綁著桶子的站檯。
適合的鳥寶	任何品種的鳥類。
訓練時間	每個課程可以控制在至少五至十五分鐘。這個簡單的訓練很受鳥寶喜愛，所以可以讓課程時間長一點。
訓練目標	讓鳥寶將綁著鍊子的桶子拉起來，以取得獎賞。他也可以從繩索滑下來，從桶子中得到零食。
訓練細則	先決定好你要使用的指令，一步一步慢慢進行。逐漸增長鳥寶從桶子取得獎勵的距離。

玩法一

步驟一

在桶子裡放入鳥寶最愛的零食，然後將桶子直接放在站檯棲木的下方，不要垂吊。讓鳥寶習慣裡面裝有食物的訓練道具。只要每次鳥寶低頭得到零食，就按壓響片，並讓鳥寶享用自己得到的獎勵。

步驟二

將桶子放低幾公分，讓鳥寶可以取得零食，只要鳥寶自行取得零食，就按壓響片。

步驟三

將桶子放得更低。請將每一次調整桶子到更低的位置，都視作是一次課程，讓你的鳥寶習慣越來越低的桶子。

記得要在桶子裡放入鳥寶最愛的零食，也別忘了每一次課程都要配合響片和獎勵。

步驟四

繼續將桶子放得更低，要完成步驟四，必須將桶子放到最低為止。

在桶子裡放入鳥寶最愛的零食，可以鼓勵你的鳥寶學會依靠自己的力量拉起桶子。剛開始訓練時，桶子的位置必須放置在鳥寶站的棲木邊。

隨著訓練課程的進行，逐漸放低桶子的長度，直到你的鳥寶必須拉起桶子以取得零食為止。到最後，就可以不用再將零食放進桶子了。

在這個步驟，鳥寶的身體長度應該已經無法使他得到零食了，他必須開始思考，到底要怎麼做，才能得到桶子裡的獎勵。他可能會嘗試用嘴喙或爪子將桶子拉起來，這時請按壓響片並給予獎勵。

你可以協助將桶子拉起來給他，讓他自行從桶子裡取得獎勵。

步驟五

鳥寶必須要能自行將桶子從底部拉上來，不管他是要用嘴喙還是爪足。有些鳥寶一次就能將桶子完全拉上來，有些則需要慢慢拉，分好幾

段才能拉上來。或許他們會在取得桶子裡的零食之後，就把桶子丟回去，有些鳥寶則會因為零食的關係，將桶子歸類為最愛的玩具。

玩法二

步驟一

這個玩法適合體型比較小的鳥寶。一開始就將桶子放到最低，因為你的目標是讓鳥寶滑下繩索。在這個玩法中，繩索首推布繩，若是使用鍊子，滑下時對鳥寶的鳥仔腳來說過於危險。

讓鳥寶向下滑一點點距離到桶子得到他的獎賞。小米是最適合這個玩法的獎勵品。

步驟二

將桶子再稍微往下放個幾公分。讓鳥寶藉由繩索向下移動，取得他的獎賞。記得要搭配響片並給予大大地誇獎。

步驟三

藉由不斷地練習，逐漸放下桶子，增加繩索的長度，直到繩索能完全展開並吊掛住桶子。別忘了要配合響片，你的獎勵，還有大大地誇獎來鼓勵鳥寶。

玩法三

步驟一

請先在棲木旁邊架好小梯子，在進行這個玩法訓練前，你的鳥寶必

須已經完全學會遵照你的指令動作往下移動。將桶子完全放開到底，這時你的鳥寶應該會選擇從樓梯下去。請按壓響片並給予獎勵。

步驟二

讓鳥寶看到零食，以誘導他靠近桶子。當鳥寶靠近桶子時，請按壓響片並給予獎勵。

步驟三

你的鳥寶應該會直接走到桶子邊，並往桶子裡看，甚至會自己從桶子裡拿零食。

步驟四

到這最後的步驟，你的鳥寶應該已經可以確實完成整個流程。先是下樓梯，直接走到桶子邊，踢翻桶子或是自己進到桶子裡拿零食。

裝死遊戲

難易度	簡單（但是鳥寶必須對你有很大的信任度）。
訓練道具	無。
適合的鳥寶	任何一隻鳥寶都能做到。
訓練時間	每個課程約十分鐘。或是依照鳥寶的集中程度來調整課程時間。
訓練目標	使鳥寶願意在飼主的手上或桌上向後躺下，甚至願意在你的手上倒吊。
訓練細則	一開始必須先讓鳥寶學會翻身，或是願意讓你將他翻過來放在手上。要完成這個訓練，鳥寶和飼主間必須有很大的信任感。

步驟一

　　同其他訓練一樣，先設定好要使用的指令方式。這個訓練能成功的前提在於鳥寶與飼主間有著深厚的信任度，不是每一隻鳥寶都願意毫無矜持的讓人將他翻過來。

　　先將一隻手緩緩放在鳥寶的背上，好似你在摸摸他一樣（有些不喜歡被摸的鳥寶可能會轉頭開咬）。如果你的鳥寶能接受你的撫摸，記得要按壓響片並給予獎勵，還有大大地誇獎。

　　若你的鳥寶對於撫摸感到自在且不排斥，請進入步驟二。

步驟二

　　從鳥寶的背部將手指順著他的身體，非常輕柔的掌握住鳥寶，同時手腕慢慢傾斜，記得一定要按壓響片、提供獎勵、給予誇獎。

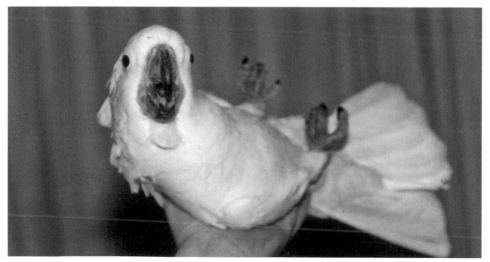

將手放在鳥寶的背上可能會造成他們驚恐，請放慢訓練的進度，在你和鳥寶之間建立起充足的信任感。

如果你的鳥寶害怕倒吊或是撫摸，可能會用咬的方式攻擊你。請務必放慢訓練的進度，並隨時留意鳥寶是否表現出驚恐或敵視的徵兆。

步驟三

這個步驟需要仰賴你和鳥寶之間的協調性與信任度。一隻手輕柔的握住鳥寶，另一隻手則固定住鳥寶的腳，非常緩慢的轉過你的手腕。若是鳥寶能接受你的動作，毫不排斥，那就可以進入步驟四。有些鳥寶可能要你先按壓響片並給予獎勵當代價後才願意被翻身。請別忘了要配合大大地誇獎。

步驟四

當鳥寶願意在你手中翻身後，緩緩將固定鳥寶足部的手指移開，建議一次放開一隻腳比較好。當鳥寶沒有表現出任何排斥且不愉快的樣子

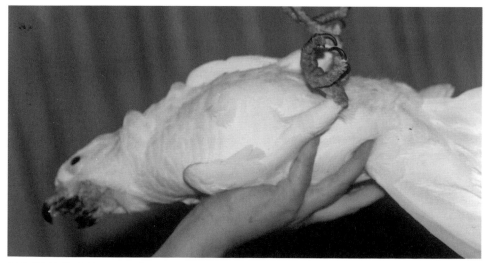

這個訓練最後的結果是鳥寶願意躺倒在你的手上，然後雙腳騰空。鳥寶可能需要一些時間來接受這個訓練，因此耐心，耐心，再耐心！

後，之後要讓鳥寶翻身應該就不是什麼難事了。別忘了，若是鳥寶願意讓你翻身，請一定要給予他大大地獎勵。

其他方式

有一些品種的鳥寶，天生就會躺倒在飼主的手上，甚至是倒吊能手。若你的鳥寶屬於這一種類型，可以將手放在鳥寶的背上。只要鳥寶沒有表現出排斥與不愉快的樣子，就用你的手將鳥寶輕握住並翻過來，就像是躺下了一樣。若鳥寶毫無反抗，你可以進一步將手指移開，讓鳥寶完全平躺在你攤開的手上。

你也可以用同樣的方式，讓鳥寶躺在你手肘圍起來的懷抱中，像是在抱嬰兒一樣（不妨試著在嬰兒抱時，提供嬰兒奶瓶給鳥寶抓握，也可以像搖嬰兒一樣，輕輕地搖晃）。

消防員

難易度	簡單。
訓練道具	玩具消防車（最好是可以遙控的車種）。
適合的鳥寶	比較適合小型的鳥寶。當然如果你能找到大型的玩具消防車，大型鳥寶就能上車。至於金剛鸚鵡等級的鳥寶，當他們想爬上雲梯時，重心太大，可能會造成翻車的意外。
訓練時間	每個課程約十至二十分鐘。當然，若是你的鳥寶很喜歡駕駛消防車，延長訓練時間，讓他多玩幾圈也沒問題。
訓練目標	訓練鳥寶駕駛消防車，以及攀爬雲梯。
訓練細則	讓鳥寶願意被安放在消防車上，或是鳥寶願意自行靠近並登上消防車。鳥寶也接受飼主使用遙控的方式移動消防車。當雲梯升起時，鳥寶會攀爬雲梯直到最高點，然後撥弄水管軟帶，好像真的是一位小小消防員。

步驟一

　　請先設定好要使用的指令。在步驟一，我們一樣要讓鳥寶習慣訓練道具的存在，並感到自在。鳥寶習慣了消防車之後，就可以進行步驟二。

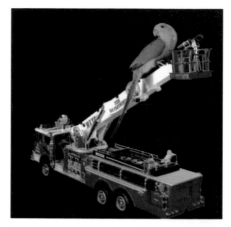

當這個訓練完成之後，你的鳥寶將學會駕馭消防車與攀登雲梯。

步驟二

　　將鳥寶放到消防車上，跟著按壓響片，提供獎勵。試著延長提供獎勵的時間，讓鳥寶在消防車上待久一點。當鳥寶可以安穩地待在消防車上一段時間後，請進行步驟三。

步驟三

　　緩緩推動消防車，並同時誇獎你的鳥寶。每一次當你移動消防車時，鳥寶都沒有排斥與不悅的表現，就請按壓響片、提供獎勵、給予誇獎。當鳥寶能接受你移動消防車一段距離後，就可以進行步驟四。

步驟四

　　現在鳥寶已經不會因為消防車移動而驚慌失措，你可以開始使用遙控的方式操控消防車，請務必仔細確認過鳥寶能接受的程度到哪裡，隨時為可能發生的意外做好準備，並且不斷地給予鳥寶誇獎，同時配合響片與獎勵。若鳥寶能安穩待在消防車上，不會想飛走，請進行步驟五。

步驟五

　　這個步驟要帶入攀登雲梯的訓練，訓練的部分與前幾章的爬梯子訓練相同，請參考該章節並按照步驟進行。

　　我在做這個鳥寶消防員訓練時，曾讓我的卡妹（玄鳳鸚鵡）們全部登上同一輛玩具消防車，當雲梯升起時，卡妹們會一隻接著一隻，順著雲梯爬上桌子，領取他們的獎勵。

搭火車

難易度	簡單。
訓練道具	玩具火車。
適合的鳥寶	比較適合小型的鳥寶。當然如果你能找到適合的大型玩具火車，中型至大型的鳥寶就能上車。
訓練時間	每個課程約十至十五分鐘。當然，若是你的鳥寶很喜歡玩具火車，延長訓練時間，讓他多玩個幾圈也沒問題。
訓練目標	讓鳥寶搭乘玩具火車。
訓練細則	當玩具火車啟動繞行時，鳥寶能安穩的搭乘在玩具火車上。

　　這個訓練課程最困難的部分，應該是要尋找到速度沒那麼快的玩具火車。也要隨時保持警覺，避免鳥寶從玩具火車上摔下來。

你可以事先組合好包含周邊景物的玩具火車軌道模型，然後讓鳥寶搭乘玩具火車在鄉村與城鎮中繞行。

步驟一

　　請先設定好在這個訓練要使用的指令方式。讓鳥寶在玩具火車靜止不動的狀態下，習慣訓練

道具的存在。當鳥寶習慣之後，就可以進行步驟二。

步驟二

讓鳥寶習慣移動的玩具火車。一開始可以用手推動，或是將玩具火車速度設定在最慢。請確定你的鳥寶感到自在且安全。每次只要鳥寶主動靠近玩具火車，就按壓響片、提供獎勵、給予誇獎。

步驟三

將鳥寶放置在靜止不動的玩具火車上，按壓響片並給予獎勵。在這個步驟還不需要啟動玩具火車。當鳥寶習慣玩具火車之後，請進行步驟四。

步驟四

當鳥寶能待在靜止不動的玩具火車上之後，請用手輕柔緩慢地推動玩具火車，讓鳥寶習慣移動中的玩具火車，同時按壓響片、提供獎勵、給予誇獎。若鳥寶表現很穩定，就可以進行步驟五。

步驟五

讓玩具火車自行運轉繞行，請確認自己與鳥寶的距離夠近，當鳥寶受到驚嚇時能立即過去安撫。有些鳥寶超愛駕馭玩具火車四處繞繞

有一些玩具火車附有鳴笛的功能，有可能驚嚇到鳥寶，當然他也可能根本不當作一回事。還有一些玩具火車會冒煙，如果你購買的是這類玩具火車，請務必將製造煙霧的開關關上，這些煙霧可能會灼傷或是對鳥寶造成其他傷害。

轉轉，但有些可能火車一啟動就飛走了，若有這種情況，請帶著鳥寶回
到上一個步驟做訓練。

溜滑梯

難易度	介於簡單與進階之間。
訓練道具	適合鳥寶尺寸的滑梯。
適合的鳥寶	任何種類的鳥寶都可以。但是請注意，滑梯一定要挑選適合鳥寶的尺寸。
訓練時間	每個課程約五至十五分鐘。有的鳥寶很喜歡溜滑梯，對這些鳥寶來説，延長訓練時間，讓他多溜個幾次也沒問題。
訓練目標	讓鳥寶從滑梯上溜下來，你可以先訓練比較大的鳥寶學會爬梯子。
訓練細則	鳥寶會爬上梯子，然後順著滑梯溜下來。

滑梯應該可以在任何一間玩具店購買到。建議你可以買大一點，挑
選適合大型鳥寶的尺寸，這樣也能讓小型鳥寶練習溜滑梯。如果你家中
養的是超小型的鳥寶，那麼可以考慮到販售娃娃屋的商店，從娃娃屋的
配件中挑選適合鳥寶的滑梯。

在購買滑梯時，請不要挑選太滑或太陡峭的品項。過滑或過於陡峭
的品項，會使鳥寶溜滑梯的速度過快，反而可能會造成傷害或使鳥寶受
到驚嚇。這個訓練的目的絕對不是為了要讓鳥寶受傷，請務必留意。

步驟一

請先設定好在這個訓練要使用的指令。步驟一都一樣，就是讓鳥寶
習慣訓練道具的存在。當鳥寶習慣之後，就可以進行步驟二。

在步驟一，你的鳥寶正在習慣滑梯，請調整滑梯的底部到接近水平。

當鳥寶已經習慣滑梯之後，可以稍稍放低滑梯，這樣鳥寶就能溜了。

步驟二

若是購買的滑梯可以拆裝攤平，不讓鳥寶滑動，請先行拆平。或是你可以調整滑梯的底部，減低滑梯的傾斜程度，使之接近水平。讓鳥寶在滑梯上走動，適應滑梯的存在。別忘了按壓響片、提供獎勵、給予鳥寶誇獎。當鳥寶的表現都沒問題後，請進入步驟三。

步驟三

稍稍抬起滑梯製造一點角度，但不足以讓鳥寶溜下來。將鳥寶放在滑梯上，如果這時候鳥寶看起來很害怕，請回到上一個步驟。若不會，請按壓響片、提供獎勵、給予誇獎。當鳥寶感覺很自在時，就再多製造一些角度。

步驟四

在這個步驟中，滑梯的傾斜度應該已經足以讓鳥寶溜一下了。角度

請不要調整得過於陡峭，以免鳥寶溜下來的速度過快，但是可以稍微減低滑梯的摩擦力，讓鳥寶更好溜。將鳥寶放上滑梯並提供一些獎勵品，吸引鳥寶自行從滑梯上溜下來。若是鳥寶看起來很害怕，請回到上一個步驟，或是放緩滑梯的角度。

步驟五

如果你的鳥寶已經愛上溜滑梯了，那麼就同時訓練鳥寶自己爬上滑梯吧！第一步是先在爬梯的梯階上放些零食。

當鳥寶得到爬梯上的零食時，請按壓響片、提供獎勵、給予誇獎。只要鳥寶對於這個步驟上手了，就請進行步驟六。

步驟六

在爬梯第一或第二階的地方放置零食，這樣鳥寶就會為了取得零食而登上爬梯，持續增加鳥寶攀爬的階梯數，直到鳥寶登上滑梯為止，這時請按壓響片並給予獎勵。

步驟七

完成整個訓練流程。讓鳥寶學會走向爬梯，登上爬梯，到達滑梯，然後溜下來。

Chapter 5

進階訓練

寄收信

難易度	進階。
訓練道具	玩具信箱與信件。這些都可以在任何一間玩具店購買到。
適合的鳥寶	中型與大型鳥寶。
訓練時間	每個課程約十五分鐘。
訓練目標	將信件從信箱中取出或放回。
訓練細則	鳥寶會走近信箱，打開信箱，取出信件。他會將信件丟掉、放在你的手上或放回信箱之內。

　　這個訓練有幾種不同的方式可以進行。除了從信箱中取出信件外，鳥寶也可以學會將信投入信箱。

　　若是訓練的對象是小型鳥寶，建議你可以嘗試親手製作小型的信件道具讓鳥寶玩寄信遊戲。

在步驟一，請先讓鳥寶習慣與嘗試接觸訓練道具。在收信門上放點零食多少有些幫助。

步驟一

　　在信箱的收信門上放一些零食。當鳥寶靠近零食，而且差不多就要碰到零食的時候，請按壓響片。當鳥寶在這個步驟表現出一派輕鬆的模樣之後，請進行步驟二。

步驟二

　　將零食收起來。當鳥寶碰觸信箱的收信門就按壓響片。若鳥寶在這個步驟沒有問題，就請進行步驟三。

步驟三

　　現在鳥寶已經可以毫不猶豫的接觸收信門了，請暫停給予零食。我們希望鳥寶最後能抓（咬）住收信門，若鳥寶能做到的話，請按壓響片。只要鳥寶在抓咬收信門的表現上手之後，就請進行步驟四。

在步驟七，在鳥寶將玩具信件從信箱中拉出來時，給予鳥寶獎勵。如果你想讓鳥寶將玩具信件交到你的手上，請將你的手放在信箱旁邊做準備。

步驟四

　　一樣先別急著提供獎勵。很快地，鳥寶可能就會感到惱怒並抓咬收信門，試圖打開它。這邊我們可以提供一些小幫助，就是事先將收信門微開一個小縫。當鳥寶成功開啟收信門後，請繼續進行步驟五。

步驟五

　　我們前面是不是都沒有提供零食獎勵？這時鳥寶打開收信門後，就能看到裡面的玩具信件，而玩具信件上就放著我們一開始準備好的零食。請按壓響片並給予鳥寶獎勵。只要鳥寶學會開啟收信門，就請進行步驟六。

步驟六

　　在鳥寶碰觸信件時，先不要提供零食。請耐心等待，直到鳥寶成功抓起其中一個玩具信件之後，按壓響片並給予鳥寶獎勵。當鳥寶每次都

能抓起玩具信件之後，請進行步驟七。

步驟七

等待鳥寶抓起玩具信件，然後先別做出任何反應，直到鳥寶將玩具信件從信箱中拉出來或丟出來。若是你希望鳥寶能將玩具信件放在你的手上，請務必確認當鳥寶丟出玩具信件時，你的手已經準備好放在下方接住玩具信件。若是你想針對讓鳥寶將玩具信件放在你手上的行為做訓練，那麼只要鳥寶在這個步驟的表現沒問題之後，就接著進行步驟八。

步驟八

慢慢移動你的手，每一次都將手移動到更遠一點的地方，直到鳥寶必須走個幾步路，好把玩具信件放到你的手上。

接電話

難易度	進階。
訓練道具	玩具電話。
適合的鳥寶	任何種類的鳥寶都可以。但是請務必確認訓練道具適合鳥寶。
訓練時間	每個課程約十至十五分鐘。
訓練目標	鳥寶會用嘴喙或爪足拿起玩具電話。甚至會將嘴喙靠近話筒，好像他正準備要跟玩具電話另一端的人通話。
訓練細則	鳥寶會走近玩具電話，用嘴喙或爪足從話筒架上拿起話筒，之後將話筒靠近嘴喙。若是鳥寶是用嘴喙拿起話筒，那他會將話筒放到桌上，然後放低姿態，將嘴喙靠近話筒並對話筒說話。

步驟一

將玩具電話放在鳥寶身邊，讓鳥寶習慣玩具電話的存在，跟之前的

訓練一樣，配合按壓響片、提供獎勵、給予誇獎。當鳥寶習慣玩具電話之後，進行步驟二。

一開始，你可能需要在玩具電話的話筒上放些零食，用以鼓勵鳥寶碰觸玩具電話。

步驟二

在玩具電話上放些零食，若是鳥寶碰觸到玩具電話，或是因為想取得零食而移動到手把，請按壓響片、提供獎勵、給予誇獎。當鳥寶上手之後，請進行步驟三。

步驟三

請不要在玩具電話的手把上放零食。這次我們要等待鳥寶自行碰觸到玩具電話的手把，或是確實用嘴喙將其拿起。只要鳥寶做到這個動作，就立刻按壓響片、提供獎勵、給予誇獎。請試著延長鳥寶拿起話筒的時間。只要鳥寶能確實完成這個步驟，就請進行步驟四。

如果你的鳥寶是會說話的品種，你還可以訓練他在接電話時說哈囉。

步驟四

現在鳥寶已經學會拿起話筒了，下一個步驟是要讓鳥寶將話筒靠近他的嘴喙。你可以藉由在話筒上塗上一點點的花生醬來誘惑鳥寶。只要一點點就夠了，大概是鳥寶舔一口或兩口就沒有的分量。當鳥寶學會靠近話筒後，就請進行最後一個步驟。

步驟五

停止使用花生醬，現在請等待鳥寶自行將話筒靠近他的嘴喙。當鳥寶做到時，按壓響片、提供獎勵、給予誇獎。請試著延長鳥寶進行這個行為的時間，也別忘了配合按壓響片、提供獎勵、給予誇獎。

鍵盤手

難易度	進階。
訓練道具	鍵盤或鋼琴。
適合的鳥寶	任何種類的鳥寶都可以。但是請務必確認訓練道具適合鳥寶的尺寸。比較小型的鳥寶可能不太容易進行這個訓練，因為他們的力氣與體重不足以讓琴鍵發出聲音。
訓練時間	每個課程約五至十五分鐘。
訓練目標	鳥寶會敲擊琴鍵或是在琴鍵上行走。
訓練細則	鳥寶會走近鍵盤或鋼琴，用嘴喙不斷敲擊琴鍵，或許你還能教會鳥寶演奏一段簡單的曲調。想要完成這個訓練，請先指導鳥寶敲擊一個琴鍵，之後再換下一個你希望他敲擊的琴鍵，如此反覆。我們將這種訓練稱為「連鎖行為」。只要鳥寶學會按壓一個琴鍵，就讓他接著學習按下其他琴鍵。

步驟一

請先設定好你想在這個訓練使用的指令方式。配合提供獎勵、給予

誇獎，讓鳥寶習慣訓練道具。當鳥寶會主動接近訓練道具之後，請進行步驟二。

步驟二

在其中一個琴鍵上放上零食。（若是你希望鳥寶能夠彈奏出一段短而簡單的曲調，請按照音階在對應的琴鍵上，每次放置一顆零食。）當鳥寶推壓到琴鍵，或只是在取得零食時碰到琴鍵，請按壓響片、提供獎勵、給予誇獎。當鳥寶在這個步驟上手之後，請接著進入步驟三。

步驟三

在這個步驟，我們不再放置零食於琴鍵上，而是等待鳥寶自己碰觸琴鍵。若鳥寶自己碰到琴鍵，請按壓響片、提供獎勵、給予誇獎。若鳥寶每次都可以在沒有零食的吸引下碰觸琴鍵，就繼續進行步驟四。

從放置零食在琴鍵上，開始鳥寶成為鍵盤手的訓練。當鳥寶習慣之後，就只有在鳥寶自行碰觸琴鍵之後才給予獎勵。

你可以用響片與獎勵的方式教導鳥寶演奏出一小段旋律。

步驟四

　　只彈奏一個音符當然沒有問題，但若是能彈奏很多音符，甚至是一首歌當然更完美。請等待你的鳥寶彈奏出第一個音符，接著在另一個音符相對應的琴鍵上放上零食。當鳥寶到達琴鍵位置並讓琴鍵發出聲音，請按壓響片、提供獎勵、給予誇獎。若鳥寶已經學會彈奏固定兩個音符，你可以試著增加更多的音符讓鳥寶彈奏。但請別一次增加太多音符，鳥寶可能會感到厭煩而失去興趣。

你可以幫鳥寶準備各種樣式的鍵盤。在玩具店有販售五花八門的鍵盤，我幫鳥寶準備的是不用太大力觸碰琴鍵，也能彈奏出音符的電子琴鍵盤。

存錢筒

難易度	進階。
訓練道具	小豬撲滿或其他種類的存錢筒。
適合的鳥寶	任何種類的鳥寶都可以。但是請務必確認小豬撲滿的尺寸是否適合鳥寶。
訓練時間	每個課程約十至二十分鐘。但是如果你的鳥寶很喜歡存錢筒訓練，你可以適當延長課程時間。
訓練目標	讓鳥寶將硬幣放入存錢筒。
訓練細則	鳥寶必須從桌上叼起硬幣，或是從訓練者的手上拿走硬幣，然後靠近存錢筒，將硬幣投入存錢筒中。

訓練前準備

請在小豬撲滿上方的投幣孔位置，使用工具將投幣孔剪得大一些。這樣硬幣會比較容易掉進存錢筒內。你可以一直使用這個事先準備好的存錢筒，也能逐漸更換小豬撲滿，讓投幣孔越來越小，直到恢復原本正常大小為止。窄小的投幣孔可以增加鳥寶投入硬幣的難度。

步驟一

請先設定好你想在這個訓練課程使用的指令方式。先讓鳥寶習慣存錢筒和硬幣。當鳥寶的表現沒有問題之後，請進行步驟二。

步驟二

讓存錢筒靠近鳥寶，將硬幣拿給鳥寶。如果鳥寶碰觸了硬幣，請按壓響片並給予獎勵，還有大大地誇獎。持續這個訓練，直到鳥寶每次都可以接觸硬幣一段時間。現在請進行步驟三。

步驟三

　　將硬幣放置在小豬撲滿的投幣孔旁，讓鳥寶拿到硬幣並同時按壓響片、提供獎勵、給予誇獎。在做過幾次練習之後，等待並觀察鳥寶是否能讓硬幣透過小豬撲滿的投幣孔掉落進小豬撲滿的肚子裡，若鳥寶成功做出這個動作，請按壓響片、提供獎勵、給予誇獎。持續這個訓練，直到鳥寶每次都能成功讓硬幣掉進小豬撲滿裡。

硬幣可能已經被很多人使用過，因此非常髒。在你的鳥寶用嘴巴碰觸到這些硬幣之前，請先將這些訓練用的硬幣徹底清潔乾淨。

步驟四

　　從這個步驟開始，我們要訓練鳥寶自行拿起硬幣並投入小豬撲滿裡的整套流程。別忘了在鳥寶每次成功的同時，按壓響片、提供獎勵、給予誇獎。請將硬幣移到遠一點的地方，當鳥寶學會從你設定的距離處拿起硬幣後，就可以進行步驟五。

步驟五

　　現在你的鳥寶已經學會拿起硬幣，並投入存錢筒裡了，接著我們要讓鳥寶學著走上幾步路後，再將硬幣投入存錢筒。一開始先將硬幣放在鳥寶習慣的位置上，然後逐漸移動硬幣的位置。只要鳥寶有進步，就按壓響片、提供獎勵、給予誇獎。如果鳥寶在訓練的任何時間點露出不耐的神情，請回到前一個步驟，讓鳥寶進行他已經學會的訓練。

　　在這個時候，你也可以決定是否要開始更換存錢筒以縮小投幣孔。若你認為有需要的話，請參考步驟六。

步驟六

逐漸更換存錢筒，讓投幣孔的洞漸漸變回到正常尺寸，當然你一定還是希望鳥寶能在一般狀況下，輕鬆投入硬幣。請記得，只有在鳥寶正確將硬幣投入存錢筒之後才給予獎勵，若硬幣滑到存錢筒外就不行。只要每一次更換過存錢筒，都要按照鳥寶的情況，持續練習到鳥寶上手為止，之後才能繼續更換新的存錢筒。這個訓練可以一直進行到你認為投幣孔的大小差不多了為止。請注意，這個行為訓練的難度會因為投幣孔變小而增加。

衍生訓練：從存錢筒到「馬桶」

存錢筒訓練在日常生活上的變化應用非常廣。例如你可以訓練鳥寶幫馬桶沖水。如果馬桶有蓋子，你可以訓練鳥寶蓋上馬桶蓋，然後按壓沖水把手沖馬桶。你也可以讓小型鳥寶待在馬桶上，並在離開前順便沖馬桶。甚至可以訓練鳥寶帶著小型的報紙、雜誌或是書本，跳到廁所來，然後用一隻腳爪抓住報紙，佯裝在閱讀的樣子，接著在離開廁所前順便沖馬桶。這些只是舉例，你可以自由創造衍生訓練的無限變化。在本書的最開始，我們曾經提到過，創造力能帶給你和鳥寶更多的訓練樂趣。

投籃

難易度	進階到高級之間。
訓練道具	籃框道具與小型威浮球（一種塑膠球）。
適合的鳥寶	任何能拿起球的鳥寶。
訓練時間	請依照鳥寶的學習力做調整。投籃不該是你第一個教導鳥寶的訓練，這個訓練應該要在你的鳥寶已經熟悉「訓練」的過程且有過經驗之後才能進行。

訓練目標	鳥寶會拿起球，走個幾步路到達籃框，將球投入籃框中。
訓練細則	在你開始訓練鳥寶之前，必須將投籃的動作細分為幾個步驟。訓練前別忘了你的目標，並在開始前設定好要配合使用的手勢或口令，這些準備可以讓之後的訓練更容易進行。一開始請先將球和籃框放在一起。

步驟一

第一步都是先讓鳥寶習慣訓練道具。從訓練的第一天開始讓鳥寶熟悉球框與球。

步驟二

慢慢將球放進籃框之中，讓鳥寶能自然碰觸到球。你可以在一旁用手指撥弄球和籃框，或是用零食吸引鳥寶對球產生興趣。

在進行正式的訓練前，請先讓鳥寶習慣籃框與球。

當鳥寶碰觸到球之後，即使是怯生生地碰到也沒關係，放開球，讓球從籃框中穿過。請同時按壓響片並給予鳥寶獎勵。重複這個步驟，直到鳥寶習慣後，開始進行步驟三。

步驟三

將球拿起來，不要碰觸到籃框。接著讓鳥寶再次觸碰球，同

時按壓響片並給予鳥寶獎勵。若鳥寶沒有問題，就繼續進行步驟四。

步驟四

這一次當鳥寶碰觸到球時，先不要提供獎勵。感到不解的鳥寶應該會定在球上一下下，而不只是稍稍碰到球而已。

當鳥寶做出這個行為時，放開球，按壓響片並獎勵他。讓鳥寶重複幾次，然後進行下一個步驟。

步驟五

到這個步驟時，鳥寶應該已經可以自行叼著球一段時間。請開始逐漸將球移開籃框一段距離，同時試著讓鳥寶帶著球回到籃框旁邊。剛開始鳥寶可能需要一點協助，別忘了也要按壓響片並給予鳥寶獎勵。

步驟六

你的鳥寶應該已經不像一開始只是稍微碰一下球，而是可以確實的拿著球一段時間，也漸漸學會將球帶到籃框旁邊。

當你的鳥寶已經可以自己帶著球一段時間後，請試著開始拉長球和籃框之間的距離。

在步驟六，當鳥寶能自行帶著球並將球投入籃框的時候，就值得你好好地獎勵他一番。

現在他必須再增加持球的時間，並試著自行將球投入籃框中。請先不要提供零食，並引導鳥寶拿著球放進籃框中。請注意，一開始你只能將球從籃框旁邊移開幾公分的距離而已。

當鳥寶成功帶著球並將球投入籃框中，請按壓響片並獎勵鳥寶。若是不然，鳥寶表現出遇到挫折的

最後，你的鳥寶會拿起球，帶著球到籃框邊，然後將球投進籃框。

神情，請回到前一兩個步驟。鳥寶可能是還不懂你要他進行的訓練動作是什麼。

步驟七

當你的鳥寶在投籃（雖然事實上用「讓球掉進籃框」來形容比較準確）上有著不錯的表現之後，就可以開始拉長鳥寶和籃框的距離了。剛開始請別移動得太遠，避免鳥寶因此產生出挫折感。每一次締造出新的距離紀錄時，都請按壓響片並好好獎勵他。

步驟八

最後，你可以將球、籃框以及鳥寶三者間，彼此分開一段距離，然後就能看到鳥寶走去拿球，接著帶著球到籃框邊灌籃！

Chapter 6

高級訓練

踩球行走

難易度	高級，平衡感是這個訓練最重要的一環。
訓練道具	適合鳥寶大小的球，可以架設軌道使用。
適合的鳥寶	任何種類的鳥寶都可以。但若是小型的鳥寶，也許不太能依靠自己的力量移動大球，必須由你在一旁協助移動。
訓練時間	每個課程約十分鐘或更長，請依照鳥寶的注意力做調整。
訓練目標	讓鳥寶踩在球上並行走。
訓練細則	鳥寶會踩在球上，然後由訓練者緩慢推球移動，讓鳥寶能在球上朝著訓練者行走。

步驟一

　　請設定好你要在這個訓練中使用的指令方式。訓練的第一步都是讓鳥寶習慣訓練道具，這個步驟對任何的鳥寶來說都很重要。一旦你的鳥寶習慣了訓練道具之後，就可以進入步驟二。

步驟二

　　將鳥寶安放在大球上並給予獎勵，還要給他大大地誇獎。先不要移動大球，鳥寶剛開始不會喜歡不平衡的環境。如果大球能給予鳥寶穩固的感覺，鳥寶就會比較願意在球上走動。

　　從軌道中挑選一些組件來使用也是不錯的，你可以選擇小方塊固定住大球的兩側，避免大球滾動。一旦鳥寶對於站上大球沒有什麼排斥，也能怡然自得地在大球上休息，請進行步驟三。

步驟三

　　在這個步驟，你的動作必須非常協調，或是能有其他人來幫忙。請非常慢地在你身旁滾動大球，讓你的鳥寶朝前與朝上行走，並在鳥寶正對著的前方持續提供零食來吸引他。當鳥寶踏出第一步時，按壓響片、給予鳥寶誇獎以及獎勵。鳥寶每走一步都要給予獎勵，等到鳥寶上手後，請進行步驟四。

步驟四

　　這個步驟是步驟三的延伸，鳥寶一樣站在大球上，只是這次要連貫多走幾步。最後鳥寶要能夠在大球上行走完預設好的距離。當鳥寶每次都可以走完你設定好的距離，就可以繼續進行步驟五了。

步驟五

　　由於鳥寶們的體型大小皆不同，有些鳥寶可能不用外力協助就能自

己滾動大球，這部分對大型鳥寶來說應該沒有問題。

現在鳥寶應該已經習慣待在大球上或是在大球上行走，我們下一個訓練目標是讓鳥寶自行在大球上行走。我發現，若是你讓大球在你事先架設好的軌道上移動，對於鳥寶來說會相對簡單的多，因為鳥寶不需要和沒有原則、會四處亂滾的大球對抗。在剛開始訓練時，我也會用這招偷吃步，將軌道的其中一端稍微架高，這樣大球也會比較容易滾動。

請將鳥寶安置在大球的上方，這一次就不要再幫忙推動大球了。鳥寶現在應該也知道自己必須要走動才能得到放在他面前的零食。若是鳥寶在這個訓練步驟的學習進度很快，誇獎他、按壓響片並給予獎勵。當鳥寶已經可以自由自在地在大球上走動後，請進行步驟六。

步驟六

在這個步驟，請抓好你的零食，若鳥寶只走一步的時候不給予零食，因為我們希望他可以試著多走幾步。我們最終的期望是鳥寶能在球上走完整個預先架設好的軌道。當鳥寶每一次有進步的時候就可以給予獎勵，舉例來說，當他這次走了兩步，給獎勵。下一次則要鳥寶走了四步後再給獎勵，以此類推。

滑板車

難易度	高級。
訓練道具	玩具小滑板車（在大部分的玩具店應該都能買到）。
適合的鳥寶	大型鳥寶。
訓練時間	每個課程約十至十五分鐘。
訓練目標	讓鳥寶自在駕馭滑板車。
訓練細則	鳥寶會走到滑板車旁，並自行登上滑板車。當鳥寶在滑板車上就定位後，鳥寶會將嘴喙放在龍頭的握把上，並放下一隻腳蹬向桌子，像小朋友一樣駕馭滑板車。

　　要找到適合鳥寶的滑板車需要費些心思。現在市面上大部分的滑板車都是用輕量化金屬做成，如果你能找到用普通金屬做成的滑板車，會比輕量化金屬滑板車好，不然就要在站板的部分增加重量，加強滑板車的穩定性。

金屬製滑板車比塑膠製滑板車更適合用來進行這個訓練，因為穩定性比較好。

步驟一

請設定好你要在這個訓練中使用的指令方式。將滑板車放置在桌上，讓鳥寶習慣滑板車的存在。一旦你的鳥寶習慣了之後，就可以進入步驟二。

步驟二

將零食放在滑板車龍頭的旁邊，當鳥寶接觸到龍頭把手時，請按壓響片、提供獎勵、給予誇獎。當鳥寶每一次都能輕鬆自在地碰觸龍頭把手時，請進行步驟三。

步驟三

這個步驟需要一些協調性。你必須讓鳥寶站在滑板車旁邊，且鳥寶必須接觸滑板車的龍頭把

請在平滑的地面上練習滑板車，讓滑板車得以輕鬆移動。

手。請使用零食引導鳥寶站在正確的位置上，或是你可以直接移動滑板車到正確的位置。只要鳥寶每次都能站在正確的位置上，就按壓響片、提供獎勵、給予誇獎。接著請進行步驟四。

步驟四

這個步驟的訓練重點是讓鳥寶待在滑板車的正確位置，並延長碰觸滑板車龍頭把手的時間。在這個訓練的同時，鳥寶有機會自行緩慢移動滑板車。只要鳥寶能夠做出這個行為，就請進行步驟五。

一旦鳥寶學會站在正確的位置後，當他開始移動滑板車時，才能給予獎勵。

步驟五

　　你可能需要協助鳥寶緩慢移動滑板車，好讓鳥寶的腳步可以跟上。你也可以同時引導你的鳥寶待在玩滑板車的正確位置上。這個步驟可能要花些時間練習，即使鳥寶的學習速度很慢，也要耐心地配合按壓響片、提供獎勵、給予誇獎。逐漸延長時間，等到鳥寶可以很順利地跟著滑板車行動後，請進行步驟六。

步驟六

　　暫時停止按壓響片。請慢慢地移動滑板車，但是在這個步驟，我們要改成在看到鳥寶因為跟著滑板車移動而抬起腳的時候，才按壓響片、提供獎勵、給予誇獎。只要鳥寶學會這個步驟的訓練之後，就能進行步驟七。

步驟七

一樣暫時停止按壓響片，當鳥寶自己試著移動一次滑板車，卻沒有聽到代表正確的響片聲音，他可能會再次移動。如果鳥寶成功了，請按壓響片、提供獎勵、給予誇獎。試著按照這個方式，延長鳥寶移動滑板車與聽到響片聲音、得到獎勵與誇獎的時間差。最後鳥寶就能自行駕馭滑板車，享受奔馳的樂趣了。

保齡球

難易度	高級。
訓練道具	保齡球道、保齡球、保齡球瓶（都是玩具）。
適合的鳥寶	所有種類的鳥寶，但是請確認道具是否適合鳥寶的尺寸。
訓練時間	每個課程約十至十五分鐘。
訓練目標	讓鳥寶拿起保齡球、投出保齡球、全倒。
訓練細則	讓鳥寶學習用嘴喙推動保齡球前進，並盡其所能擊倒最多的球瓶。

步驟一

請設定好你要在這個訓練中使用的指令方式。一旦你的鳥寶習慣了玩保齡球的道具之後，就可以進入步驟二。

步驟二

這個步驟需要一點小小的「撇步」。立起保齡球瓶、架好站檯、搭起球道。將保齡球放在預設為開球點的位置上，將一點點鳥寶最愛的點心，盡你所能地放置在最靠近保齡球的位置。讓鳥寶登上站檯，這時鳥

若你在訓練開始之前，讓鳥寶自由玩弄保齡球瓶與保齡球，可以幫助鳥寶提早習慣訓練道具的存在。

寶為了得到點心，同時也會觸碰到保齡球。當鳥寶成功做出這個行為時，按壓響片、給予他獎勵與大大地誇獎。請持續這個訓練直到鳥寶習慣之後，繼續進行步驟三。

步驟三

　　讓鳥寶看到零食，並將零食放在球上。只要每次鳥寶因為吃零食而推到球時，就按壓響片、提供獎勵、給予誇獎。當鳥寶在這個步驟沒有問題之後，就繼續進行步驟四。

步驟四

　　到這個步驟就不再需要零食當獎勵了，把零食省下來吧！當鳥寶碰

在步驟二，在球下放些零食可以誘導你的鳥寶將保齡球推進球道中。

最後，只要你的鳥寶會重複進行這個保齡球小遊戲，而你又正好飼養了很多隻鳥寶的話，不妨幫他們辦個小小的保齡球大賽，同時幫他們計分看看誰會得到冠軍。

觸到球之後，就按壓響片、提供獎勵（摸摸抱抱），同時給予大大地誇獎。只要鳥寶對著球做出任何動作，都要給予獎勵。請務必記得，鳥寶的視野是看不太到近在嘴喙前的東西的。當鳥寶可以很直接且順利的將球推進球道，不妨試著幫鳥寶計分，看看他能擊倒多少支球瓶。

高爾夫球

難易度	高級。
訓練道具	高爾夫球與高爾夫球桿（你也可以自行動手做喔！）。
適合的鳥寶	中型至大型的鳥寶。
訓練時間	每個課程約十至十五分鐘。
訓練目標	讓鳥寶擊球進洞。
訓練細則	你的鳥寶會舉起高爾夫球桿，用球桿擊球。然後高爾夫球就會掉落，順著球道一桿進洞。

若你的鳥寶是能言善道的品種，你也可以訓練鳥寶在拉動揮桿手柄時，說出「Fore」（打高爾夫球時用來提醒周遭的人當心，球來了！）。

步驟一

別忘了設定好你要在這個訓練中使用的指令方式。想要讓鳥寶使用高爾夫道具，可能需要一些不同的訓練手法，但是無論如何，第一步一定都是讓鳥寶習慣訓練用的道具。以下每個步驟都有兩種方式可以參考

步驟二

讓鳥寶站上 T 字站檯，請將鳥寶最愛的零食放進手柄上的小球中（請參考本篇照片）。當鳥寶碰觸手柄取得食物時，請按壓響片、提供獎勵、給予誇獎。若你是直接使用小球桿，請將小球桿拿在手上並放在鳥寶面前，若鳥寶用嘴喙碰觸小球桿，請按壓響片、提供獎勵、給予誇獎。當鳥寶能接受其中一種訓練方式之後，就可以進行步驟三。

步驟三

讓鳥寶站上站檯，將零食放進手柄上的小球中，這時不按壓響片。直到鳥寶碰觸小球的時間夠久，或是確實拉動手柄向後，只要有任何一項目的達成，就按壓響片、提供獎勵、給予誇獎。

若是使用小球桿，請將小球桿提供給鳥寶，但是這一次不要在鳥寶碰

觸小球桿時就給予獎勵,而是要等到鳥寶能握住小球桿一段時間再給予。若是鳥寶能達成訓練目標,就按壓響片、提供獎勵,並給予大大地誇獎。

只要鳥寶能達成以上兩種訓練方式的任何一種,就可以進入步驟四。

步驟四

在這個步驟,不用再將零食放進手柄上的小球中,我們要讓鳥寶自動自發抓握住手炳。鳥寶可能只會單純抓住手柄,也有可能會將手柄往後拉,只要鳥寶達成其中一項目的,就按壓響片、提供獎勵、給予誇獎。

現在你的鳥寶已經可以握住小球桿一段時間了,將高爾夫球放到小球桿旁邊。若是鳥寶可以接受你讓高爾夫球碰觸到小球桿,不會因此將小球桿丟掉,即使只是短短幾秒,也請按壓響片、提供獎勵、給予誇獎。

只要鳥寶能達成以上兩種訓練方式的任何一種,就可以進入步驟五。

步驟五

讓鳥寶站上站檯,不提供獎勵,除非鳥寶能確實地拉動手柄向後。在這個時候,你應該也要同時將高爾夫球放置到定位。如果你對於訓練道具的使用方式是正確的,那麼當手柄慢慢被拉動到底之後,就會釋放球桿,揮出漂亮的一桿。

每次只要鳥寶揮桿成功,就按壓響片、提供獎勵、給予誇獎。持續這

個訓練,直到你的鳥寶玩出樂趣為止。試看看鳥寶一場球賽能揮出幾次一桿進洞的好成績。(小經驗:你對於這個訓練的設置越用心,鳥寶就越能享受到一桿進洞的暢快。)

當鳥寶握住高爾夫球桿,並用球桿碰觸到高爾夫球,請耐心等待鳥寶多揮動幾次高爾夫桿,讓高爾夫球多滾個幾圈。當鳥寶達成訓練目標後,就按壓響片、提供獎勵、給予誇獎。再來的目標就是逐漸增加鳥寶擊球的時間與距離。

溜冰

難易度	困難。
訓練道具	輪鞋與訓練輔助棒。
適合的鳥寶	大型鳥寶。
訓練時間	每個課程約十至十五分鐘。
訓練目標	讓鳥寶自在駕馭輪鞋。
訓練細則	讓鳥寶自行登上輪鞋,並使用訓練輔助棒,協助鳥寶伸展腿部,推動輪鞋移動。最後移除訓練輔助棒,讓鳥寶能自行移動輪鞋。

溜冰,是其中一種難以訓練鳥寶學會的行為課程,而且適合鳥寶使用的輪鞋也非常難找到。主要是因為現在市場上大多數的商品都是採用輕量化金屬製作而成,這些輪鞋對於鳥寶來說都太輕了。

使用訓練輔助棒(購買鸚鵡專用輪鞋時,通常會附有兩支棒子協助控制輪鞋)可以適當地幫助鳥寶學習如何在輪鞋上移動他的雙腳。

步驟一

再次提醒，溜冰是鳥寶很難學會的一種行為課程，因為鸚鵡是天生的內八字腿，這會使得他們不斷讓輪鞋互撞在一起。當你確定在本訓練課程要使用的指令方式後，請先讓鳥寶習慣訓練道具。當即使身邊就是訓練道具，鳥寶也不會有不開心的表現時，請進行步驟二。

步驟二

你可以讓鳥寶自行登上輪鞋，或是由你將鳥寶帶上輪鞋。我一開始是將我的鳥寶「呆呆」放到輪鞋上，同時確認我有固定好輪鞋，不會滑動，並按壓響片、提供獎勵、給予誇獎。當鳥寶能在不會移動的輪鞋上自在舒適的待著之後，請進行步驟三。

對於一些鳥寶來說，移動輪鞋是很困難的。在鳥寶們熟練這個訓練之後，或許就不會有前後腿岔開的狀況了，而岔開腿對鳥寶來說絕對不是一件好事，所以在你的鳥寶遇上困難時，請適時的給予一些小幫助。

步驟三

將訓練輔助棒放置定位，使用輔助棒將鳥寶與一隻輪鞋朝前滑動，配合按壓響片、提供獎勵、給予誇獎，重複這個方式讓另一隻輪鞋也到位。持續這個訓練直到你的鳥寶習慣為止，這是要教導鳥寶用正確的方式玩輪鞋。

這個步驟可能會花上不少時間，所以要有耐心。當鳥寶能夠連續滑行幾次輪鞋後，請進入步驟四。

步驟四

現在，最難的階段來了。繼續將訓練輔助棒放置定位，這次不再由你操控輪鞋，而是要放手讓鳥寶自己移動。鳥寶剛開始移動時，可能沒有辦法很好的維持在直線上前進，這時訓練輔助棒的價值就顯現出來了，可以協助你將鳥寶引導到正確的前進路線上。這邊可以不用那麼即時給予鳥寶獎勵，若是鳥寶能移動幾公分長的距離，再按壓響片、提供獎勵、給予誇獎。持續這個步驟的練習，直到鳥寶能輕鬆駕馭輪鞋後，就可以進行步驟五了。

因為鳥類的腳部構造彎曲帶有弧度，所以這個訓練可能很難讓你的鳥寶成為溜冰大師。多一點耐心與鼓勵，鳥寶會做得更好。

步驟五

終於要移除訓練輔助棒，讓鳥寶來場真正的溜冰了。在這個步驟，你的鳥寶應該已經完全學會如何自行移動輪鞋。請確認鳥寶的行進路線保持在直線上，你可能三不五時要協助鳥寶修正一下路徑。

套套杯

難易度	高級。
訓練道具	套套杯。
適合的鳥寶	任何尺寸的鳥寶，但是你必須確認套套杯的尺寸和鳥寶的大小是否適合。
訓練時間	每個課程約十至二十分鐘。當然，如果你的鳥寶很喜歡玩套套杯，那麼可以視狀況延長訓練時間。
訓練目標	讓鳥寶依照順序套杯子。
訓練細則	你的鳥寶會按照杯子的尺寸，依序從最大到最小，將杯子放進另一個杯子裡。這個訓練不光只是為了要展現鳥寶有多麼聰明，更能證明鸚鵡會辨識不同色彩。

步驟一

設定好這個訓練課程要使用的指令方式。一開始先用大型的杯子讓鳥寶熟悉，當鳥寶習慣套套杯之後，請進行步驟二。

步驟二

使用最大和第二大的套套杯，將第二大的套套杯取出來放在最大的套套杯上，並取得要掉不掉的平衡，同時放進零食。當鳥寶去吃零食的時候，請按壓響片、提供獎勵、給予誇獎。如果你在杯子上取得完美的平衡點，那麼這時第二大的套套杯就應該會掉進最大的套套杯中。持續這個練習，直到鳥寶學會將小套套杯推進大套套杯裡面。接著請進行步驟三。

步驟三

將小套套杯放置在鳥寶可以將其堆回原本大套套杯的位置上。這個

步驟或許會花點時間,而且你可能會不時需要回到上一步。持續拉長大小套套杯間的距離,直到你可以將小套套杯從大套套杯的上方到放在桌上為止。再來請進行步驟四。

步驟四

一但你的鳥寶學會拿起小套套杯並放進大套套杯之後,就可以不斷增加杯數。每一次當你增加新杯子時,請重複使用步驟二和步驟三的方式訓練鳥寶。這個步驟請持續練習到鳥寶將所有的套套杯都玩過一輪,可以正確將套套杯全部堆疊在一起為止。

購物車

難易度	高級。
訓練道具	購物車(可以在任何的玩具店或一些寵物店購買到)。
適合的鳥寶	任何尺寸的鳥寶,但是你必須確認購物車的尺寸和鳥寶的大小是否適合。
訓練時間	每個課程約十至二十分鐘。當然,如果你的鳥寶很喜歡推購物車,那麼可以視狀況延長時間。
訓練目標	讓鳥寶推行購物車。
訓練細則	讓鳥寶控制購物車的手把,然後在桌上推行購物車。

步驟一

先設定好這個訓練課程所要使用的指令方式。讓鳥寶熟悉訓練道具,當鳥寶習慣之後,請進行步驟二。

步驟二

現在鳥寶已經習慣購物車了,他接著要學的是控制購物車的手把。

有些購物車的手把上可能有小溝槽或纏繞塑膠膜，如果有的話，可以善用這些部分放置固定一小塊零食。當鳥寶為了取得零食而接觸到手把時，請按壓響片、提供獎勵、給予誇獎。持續這個訓練直到鳥寶上手後，接著進行步驟三。

步驟三

在這個步驟，請不要再將零食放置在購物車的手把上，我們希望能看到鳥寶自發性地碰觸手把。當鳥寶自行碰觸手把時，請按壓響片、提供獎勵、給予誇獎。重複這個訓練，延長鳥寶碰觸手把的時間與給予獎勵的間隔。當鳥寶可以長時間碰觸手把且達到你的預期之後，就請進行步驟四。

步驟四

你的鳥寶現在已經學會控制購物車的手把了，我們可以同時慢慢移動購物車。如果鳥寶沒有控制手把跟著移動，就不能給予獎勵。若是鳥寶有控制手把並跟著走幾步，或只是伸長了脖子但是沒有移動，還是可以按壓響片、提供獎勵、給予誇獎。請持續這個訓練，直到你移動購物車時，鳥寶會控制手把並跟上，就可以進行步驟五。

步驟五

在這個步驟，我們要讓鳥寶學會自己推動購物車。拿好你的獎勵零食並耐心等待，如果鳥寶自行推動購物車，即使只是很慢地走了短短幾步，都要按壓響片、提供獎勵、給予誇獎。請持續這個訓練，並且讓鳥寶推動購物車與得到獎勵的時間間隔越來越長，最終的目標是鳥寶能自行推著購物車走上一段完整的距離。

讓遊戲更有趣

　　你也可以在鳥寶推購物車之前，給予「買東西」的口令。可以到玩具店買一些玩具食物回來，讓鳥寶拿起這些「食物」，或是將玩具食物放在手上提供給鳥寶，訓練鳥寶將食物放進購物車裡。

　　一開始，請先將玩具食物放在購物車的籃子邊邊，這樣當鳥寶碰觸玩具食物後，玩具食物就會掉進購物車，這時請按壓響片、提供獎勵、給予誇獎。持續這個訓練，延長鳥寶取得玩具食物的時間。當鳥寶可以從你的手上拿起玩具食物，然後丟進購物車時，請按壓響片、提供獎勵、給予誇獎。

　　每當鳥寶成功將玩具食物放進購物車後，就逐漸放低你的手，並持續這個訓練，直到你的手已經完全攤平在桌子上，鳥寶依然可以取得玩具食物並放進購物車裡。

　　決定好你的鳥寶要放進購物車的「食物」種類與數量，然後你就可以繼續訓練鳥寶邊走邊買「食物」並放進購物車。

訓練道具
DIY

套圈圈道具 DIY

半木製道具

	小型木製底座
	法蘭盤（輪緣）或旗桿固定座一組
	螺絲釘二至四根
	PVC 管或 CPVC 管
準備材料	帽套
	套環
	螺絲起子
	多用途刀或切割工具（用來修剪自黏磁磚與塑膠管）

若是你使用的是 PVC 管和法蘭盤，你還需要額外準備一組外牙接頭。

DIY半木製套圈圈道具所需要的材料。

半木製套圈圈道具完成圖。

　　若是你希望這個道具能使用久一點，可以使用黏著劑來加固，但請務必確認溢膠有確實擦拭乾淨。

　　若是要讓道具的完成度看起來更高，你可以在底座鋪上自黏磁磚，這樣清潔也比較簡單。

步驟一：可以自由決定要不要這個步驟

依照底座尺寸修剪自黏磁磚，並將自黏磁磚平整貼上底座。

步驟二

在底座裝上法蘭盤或旗桿固定座，並用鏍絲釘固定。

步驟三

　　按照你的鳥寶身高修剪 PVC 管或 CPVC 管，裁出適當的長度。並將塑膠管直立推進法蘭盤。（若你使用的是 PVC 管，請先接上外牙接頭後再跟塑膠管組合。）

步驟四

在塑膠管上蓋上帽套。

步驟五

放進套環。

全木製道具

準備材料	木製底座
	自黏磁磚（非必要）
	木釘
	砂紙
	萬能膠
	鑽孔機
	多用途刀或切割工具（用來修剪自黏磁磚與木釘）

步驟一：可以自由決定要不要這個步驟

依照底座尺寸修剪自黏磁磚，並將自黏磁磚平整貼上底座。

步驟二

按照你的鳥寶身高修剪木釘，裁出適當的長度。請將木釘的稜角處修掉，並使用砂紙打磨光滑。（長木釘的售價便宜，可以在一般居家修繕百貨找到。）

步驟三

在底座大約中間的位置鑽一個孔（若是底座很厚，你不一定要將底座整個鑽穿）。孔洞的尺寸應該剛好跟木釘的寬度相合，這樣上膠後木釘和底座才能牢牢固定在一起。木釘的寬度可以稍微修一下，以便插入較小的孔洞中。

步驟四

在底座塗上一層萬能膠，並插入修整好的木釘。將溢出來的萬能膠擦拭乾淨，等候萬能膠乾燥。現在，你已經準備好跟鳥寶一起玩套圈圈了。

敲鐘道具 DIY

準備材料	PVC 管
	外牙接頭
	帽套
	轉彎接頭
	法蘭盤（輪緣）
	螺絲釘四根
	S 型掛勾
	羊眼螺絲
	任何樣式的掛鐘
	底盤
	鉗子
	螺絲起子
	鋸子或水管剪
	自黏磁磚（非必要，但是鋪在底盤上，清潔比較容易）

步驟一：可以自由決定要不要這個步驟

依照底座尺寸修剪自黏磁磚，並將自黏磁磚平整貼上底座。

步驟二

在底座裝上法蘭盤，並用鏍絲釘固定。

步驟三

將外牙接頭接上法蘭盤。

步驟四

按照你的鳥寶身高修剪 PVC 管，裁出適當的長度，並將 PVC 壓進外牙接頭使其密合。再將轉彎接頭接上 PVC 管。

步驟五

將較短的 PVC 管壓進轉彎接頭的另一端使其密合。

步驟六

在帽套中間鑽一個小洞，鎖上羊眼螺絲。

步驟七

從帽套內側使用螺帽上緊羊眼螺絲，使其與帽套密合。

步驟八

將帽套裝上短 PVC 管。

DIY敲鐘道具所需要的材料。

步驟九

　　將 S 型掛勾掛上羊眼螺絲，接著使用鉗子壓緊 S 型掛鉤的開口，這樣就不會從羊眼螺絲上鬆脫。

步驟十

　　將掛鐘放在 S 型掛勾旁邊做比對，使用鉗子調整掛鐘的吊孔位置並壓緊。

步驟十一

　　將掛鐘掛上 S 型掛勾的底端，接著使用鉗子壓緊 S 型掛鉤的開口，使其密合，避免掛鐘從 S 掛勾上鬆脫。

敲鐘道具完成圖。

拉桶道具與 T 字檯 DIY

準備材料	底座（大型鳥寶需要大且帶有重量的底座，尺寸約 60×60 公分；小型鳥寶約 30×30 公分。）
	法蘭盤（輪緣）
	握把
	移動輪四顆
	PVC 管 T 字接頭，內部有螺紋。
	金屬棍（大約 60 至 120 公分，請按照你的鳥寶與鍊長做選擇）。這個材料應該可以在你家附近的五金行買到，若是金屬棍上沒有螺紋，可以請店家另外幫你在金屬棍上做螺紋加工。
	螺絲釘二十四根
	PVC 帽套兩組
	繩索或鍊子
	小水桶
	C 型扣環或 O 型扣環兩組
	螺帽
	羊眼螺絲（連結掛勾用）
	PVC 管（請剪下正確的尺寸以做成棲木）
	自黏磁磚（非必要，但是鋪在底盤上，清潔比較容易）
	螺絲起子或鑽頭
	PVC 水管剪

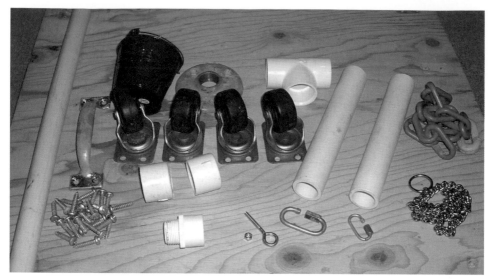

DIY拉桶道具所需要的材料。

步驟一：可以自由決定要不要這個步驟

依照底座尺寸修剪自黏磁磚，並將自黏磁磚平整貼上底座。

步驟二

用螺絲釘將四顆輪子鎖在底座的四個角落。

步驟三

用螺絲釘將握把鎖在底座任意兩個輪胎之間。

步驟四

將底座翻轉回正面，用四顆螺絲釘將法蘭盤鎖上底座。

你可以使用飼料碗取代小水桶。只要在飼料碗中裝上螺栓和羊眼螺絲，並與鍊子連結起來就可以了。

步驟五

用鑽頭在其中一個帽套的底部打一個小洞。

步驟六

將羊眼螺絲裝進帽套。

步驟七

從帽套內側用螺帽將羊眼螺絲固定密合。

步驟八

將裁切好的 PVC 管裝在 T 字接頭的兩側。

步驟十：將棲木與金屬棍做結合。

步驟九

跟著將帽套裝上 PVC 管。

步驟十

將金屬棍與法蘭盤組合在一起。

步驟十一

將金屬棍與 T 字接頭組合在一起。

步驟十二

將 C 型扣環與羊眼螺絲連結在一起。

步驟十三

將 C 型扣環與鍊子連結在一起。

步驟十四

鍊子的另一端也裝上一個 C 型扣環。

步驟十五

將 C 型扣環連結小水桶。

有用的小建議

這個道具同時也是具有兩大特色的站檯，其一是我們有裝上輪子讓它好移動，二是有裝上握把讓它便於攜帶。PVC 管非常堅固耐用，甚至可以承受大型鳥寶的啃咬。

請務必確認所有零件都有確實安裝定位，螺絲釘等固定用零件都有鎖緊，安全無虞。

如果你找不到適用的小水桶，也可以使用鳥寶塑膠或金屬製的飼料碗，只要鑽一個小洞，裝上羊眼螺絲和螺帽就可以了。

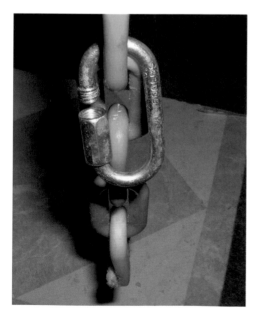

步驟十四：將 C 型扣環裝上鍊子的另一端。

步驟十五：將 C 型扣環與小水桶做連結。

投籃道具 DIY

木製道具

準備材料	木製底座
	長木樁
	螺絲釘
	金屬環
	墊圈
	螺帽
	樹脂玻璃或壓克力背板
	繩子
	木工專用鑽頭
	螺絲起子
	圓鋸或刀鋸
	砂紙或拋光機
	老虎鉗

步驟一：可以自由決定要不要這個步驟

如果你想做出一個有質感的投籃道具，可以嘗試在底座貼上自黏型的木紋磚。

步驟二

使用木工專用鑽頭，在底座鑽出一個洞。請注意不要鑽穿整個底座。

步驟三

一樣使用木工專用鑽頭，在長木樁的底部鑽一個小洞。這部分將與底座結合。

步驟四

　　繼續在長木樁靠近頂端的部分，上下分別鑽兩個洞，這部分將與壓克力板以及籃框結合。

步驟五

　　在壓克力板中間的部分，上下分別鑽兩個洞，這部分將與長木樁以及籃框結合。

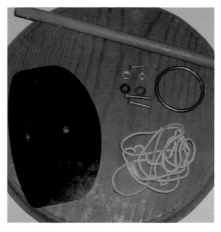

DIY投籃道具所需要的材料。

步驟六

　　用老虎鉗夾住金屬環，換金屬用鑽頭，在金屬環上鑽一個小洞。

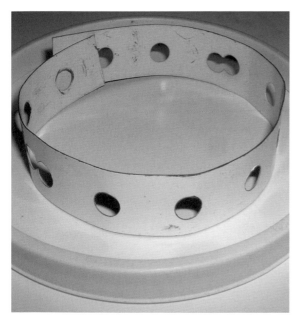

你可以自由選擇要使用的籃框類型。

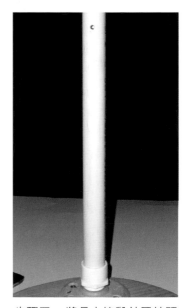

步驟四：將長木樁與外牙接頭組合起來。

步驟七

將長木樁打洞的面朝下，確實安裝進底座事前挖好的洞中，然後用螺絲釘將長木樁與底座鎖緊固定。

步驟八

使用一個螺絲釘搭配一個墊圈，將壓克力背板與長木樁組合起來。

步驟九

你可以在這個步驟幫籃框加上繩子。再來使用一個螺絲釘搭配一個墊圈，將金屬環組合在壓克力背板預先鑽出的另一個洞上。

步驟十

分別使用螺帽，從長木樁的後方將兩根螺絲釘固定鎖緊。

大功告成

現在只差一顆小威浮球，投籃道具就大功告成囉！

半木製半 PVC 道具

準備材料	木製底座
	法蘭盤
	螺絲釘（固定法蘭盤用）
	按照鳥寶尺寸裁切好的 PVC 管
	外牙接頭
	樹脂玻璃或壓克力背板
	帽套
	木籃框
	金屬籃框
	移除夾片的軟管夾或是有環形孔的金屬片（自由選擇籃框樣式）
	螺絲釘（固定背板與籃框）
	底座用的自黏式磁磚（非必要）
	輕量化的球（例如威浮球）
	鑽頭
	螺絲起子
	砂紙
	電鋸或刀鋸
	為了讓籃框看起來更美觀，可以綁上繩子做成籃網。

步驟一

將法蘭盤用四顆螺絲釘固定在底座上。

步驟二

將外牙接頭鎖上法蘭盤。

步驟三

在 PVC 管上鑽一個小洞。

步驟四

將 PVC 管接上外牙接頭。

步驟五

將帽套裝上 PVC 管。

步驟六

在壓克力背板上面鑽出一個小洞。

步驟七

在籃框上鑽一個小洞。

步驟八

使用螺絲釘將壓克力背板與籃框鎖上 PVC 管。

這是DIY木製投籃道具成品的樣子，請記得要按照鳥寶的尺寸調整道具大小。

小巧思

可以嘗試在籃框上用繩子編成籃網。不過你可能會注意到，有些鳥寶對於籃網繩的興趣比整個投籃道具還高。因此，如果有訓練上的考量，避免鳥寶分心，使不使用籃網繩都沒關係，可以自由選擇。

保齡球道具 DIY

準備材料	鋸子
	鑽頭
	木工專用膠
	強力膠
	螺絲釘四根
	法蘭盤
	外牙接頭
	T 字接頭
	木球或高爾夫球
	保齡球瓶
	按照鳥寶尺寸裁剪的 PVC 管
	木板一片（製作球道），至少 16 英吋 ×2.5 英吋 ×0.5 英吋的大小。
	木板一片（製作球道防護邊），至少 30 英吋 ×1.75 英吋 ×0.25 英吋的大小。
	木板一片，至少 10 英吋 ×1 英吋 ×1 英吋的大小。

其他材料還包含帽套兩組、小鐵釘與小螺絲釘。

你還需要一段足以讓你裁切成兩片的木板，每片約 5.5×5.5×0.75 英吋，用來做發球底座和球瓶檯（小型鳥寶的大小）。不論鳥寶的大小為何，你都需要裁切一片 5.5×5.5×0.75 英吋的木板作為球瓶檯檔板。如果你飼養的是中大型的鳥寶，那你可能需要裁切的木板尺寸為

1 英吋 = 2.54 公分
1 公分 = 10 公厘
10 公厘 = 0.3937 英吋

8.5×8.5×0.75 英吋（中型鳥寶）或 11（12）×11（12）×0.75 英吋。

你可以在玩具店購買到玩具保齡球瓶，或從烘焙材料賣場找到替代品。

步驟一

裁出 5.5×5.5×0.75 英吋的木板作為底座，這是適合小型鳥寶的尺寸。再裁出一塊同樣尺寸的木板。若家中飼養的是中大型的鳥寶，只要裁出一塊 5.5×5.5×0.75 英吋的底座，然後另外依照鳥寶的體型裁切一塊 8.5×8.5×0.75 英吋或 11（12）×11（12）×0.75 英吋的木板。

步驟二

打造球道，請裁出一片 15×2.5×0.5 英吋的木板。

步驟三

打造球道邊條，請將 0.25 英吋高的木頭裁成 15×1.75×0.25 英吋的大小。

步驟四

製作底座支柱，請從 1 英吋高的木頭上，分別裁出五塊 2×1×1 英吋的木塊。

步驟五

裁出 2.5×0.5×0.5 英吋的木塊。（如果你買的木材長度剛剛好，那這邊應該就會剛好使用完你剩下的木材。）

步驟六

從壓克力板上切割出兩片 5.5×5.5 英吋的板子。

我會建議在購買木材時，選擇比需要的長度更長的木材，這樣可以避免測量和裁切失誤造成材料不足。剩下的木頭也可以用來製造更多道具。

步驟七

從之前切割下來的壓克力板中取出一片，做對角線切割，切出兩塊三角型。

步驟八

用四根螺絲釘將法蘭盤固定在底座上（可以先對好法蘭盤的位置，在底板上鑽出小孔，之後會比較好安裝）。

步驟九

使用木工專用膠，小心將之前切割下來的四個作為支柱的小木塊黏在底座的底部（請注意，這一面也是法蘭盤安裝的地方），然後等待三十分鐘使其乾燥。（如果你對於木工很有一手，也可以在底座上鑽孔，用螺絲釘將四塊支柱與底座緊密結合）

步驟十

剪下約 1 至 2 英吋高的 PVC 管。尺寸僅供參考，請按照鳥寶體型調整。

步驟十一

將 PVC 管與 T 字接頭組合在一起。

步驟十二

再剪下兩根 PVC 管接上 T 字接頭的兩側作為棲木。尺寸請以鳥寶站上去感到自在，沒有不適感為原則調整。

步驟十三

這個地方可以先裝上帽套。

步驟十四

拿出作為球道使用的木條，使用木工專用膠，將裁切好的球道邊條黏上球道的一邊，然後等待三十分鐘讓其乾燥。沒問題後再黏上另外一邊。你可以釘上小釘子讓球道與邊條有更好的固定效果。請務必要確認殘膠是否有擦拭乾淨。

步驟十五

確定好你要將球道的哪一端連結到底座，哪一端連結到保齡球瓶檯。再來請將之前裁切下的最後一塊支柱，安裝在球道與底座連接端的下方，讓球道與底座連接。

步驟十六

將 2×0.5×0.5 英寸的小木塊安裝在球道的尾端。

步驟十七

使用強力膠將壓克力板與保齡球瓶檯組合起來，等乾燥之後再將三角形的壓克力板分別安裝在保齡球瓶檯的兩側。請確實將殘膠擦拭乾淨。

步驟十八

如果你的手藝不錯，你可以在壓克力板上鑽個小洞，用螺絲釘將其

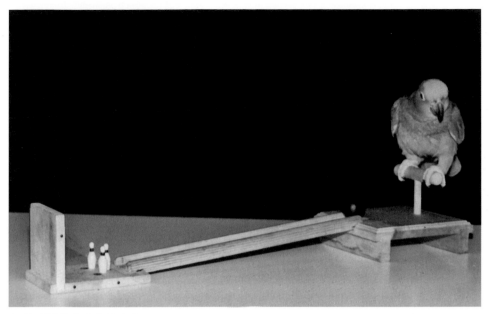

保齡球道具完成後的參考圖。

固定的更牢靠。

步驟十九

　　你也可以使用螺絲釘加強固定球道的支柱。但是請務必確認螺絲釘與支柱完全齊平，不能突出支柱的木頭面。

步驟二十

　　將球道的兩端，分別與站檯以及保齡球瓶檯成一條線組合起來，接著按照組合的狀況做高度的調整。將保齡球瓶在保齡球瓶檯上排放好，再把球放在底座與球道之間的空隙中，現在就能和鳥寶一起玩保齡球遊戲囉！

國家圖書館出版品預行編目資料

教鸚鵡玩遊戲：藉由響片訓練鸚鵡學會超過 25 種有趣的遊戲
/ 羅賓·德義智（Robin Deutsch）著 . -- 初版 . -- 臺中市：晨星，
2018.03
面；　公分 . --（寵物館；57）

譯自：The click that does the trick : trick training your bird the
clicker way

ISBN 978-986-443-400-8（平裝）

1. 鸚鵡 2. 寵物飼養

437.794　　　　　　　　　　　　　　　　　106025144

寵物館 57

教鸚鵡玩遊戲：

藉由響片訓練鸚鵡學會超過 25 種有趣的遊戲

作者	羅賓‧德義智
主編	李俊翰
美術編輯	陳柔含
封面設計	言忍巾貞工作室
照片提供	賴瑞‧艾倫（Larry Allan）：（7,14,15,17,21,31,34,36,37,74） 伊莎貝‧法蘭奇（Isabelle Francais）：28 萊斯利‧蘭杜（leslie leddo）：6 其餘照片皆由羅賓‧德義智（Robin Deutsch）提供。
創辦人	陳銘民
發行所	晨星出版有限公司 407 台中市西屯區工業 30 路 1 號 1 樓 TEL：04-23595820 FAX：04-23550581 行政院新聞局局版台業字第 2500 號
法律顧問	陳思成律師
初版	西元 2018 年 3 月 1 日
初版二刷	西元 2021 年 5 月 20 日
總經銷	知己圖書股份有限公司 106 台北市大安區辛亥路一段 30 號 9 樓 TEL：02-23672044 / 23672047 FAX：02-23635741 407 台中市西屯區工業 30 路 1 號 1 樓 TEL：04-23595819 FAX：04-23595493 E-mail：service@morningstar.com.tw 網路書店 http://www.morningstar.com.tw
讀者服務專線	02-23672044
郵政劃撥	15060393（知己圖書股份有限公司）
印刷	上好印刷股份有限公司

定價300元

ISBN 978-986-443-400-8

The Click That Does the Trick
Published by TFH Publications, Inc.
© 2005 TFH Publications, Inc.
All rights reserved

◆ 讀 者 回 函 卡 ◆

姓名：_____　　性別：□男　□女　生日：西元 _____ ／ _____ ／ _____

教育程度：□國小 □國中 □高中／職 □大學／專科 □碩士 □博士

職業：□學生　　　　□公教人員　　　□企業／商業　　□醫藥護理　□電子資訊
　　　□文化／媒體　□家庭主婦　　　□製造業　　　　□軍警消　　□農林漁牧
　　　□餐飲業　　　□旅遊業　　　　□創作／作家　　□自由業　　□其他_____

E-mail：_____　聯絡電話：_____

聯絡地址：□□□_____

購買書名：教鸚鵡玩遊戲_____

・本書於那個通路購買？　　□博客來 □誠品 □金石堂 □晨星網路書店 □其他_____

・促使您購買此書的原因？

□於 _____ 書店尋找新知時　□親朋好友拍胸脯保證　□受文案或海報吸引
□看_____網路平台分享介紹　□翻閱 _____ 報章雜誌時瞄到
□其他編輯萬萬想不到的過程：_____

・怎樣的書最能吸引您呢？

□封面設計　□內容主題　□文案　□價格　□贈品　□作者　□其他_____

・您喜歡的寵物題材是？

□狗狗　□貓咪　□老鼠　□兔子　□鳥類　□刺蝟　□蜜袋鼯
□貂　　□魚類　□烏龜　□蛇類　□蛙類　□蜥蜴　□其他_____
□寵物行為　□寵物心理　□寵物飼養　□寵物飲食　□寵物圖鑑
□寵物醫學　□寵物小說　□寵物寫真書　□寵物圖文書　□其他_____

・請勾選您的閱讀嗜好：

□文學小說　□社科史哲　□健康醫療　□心理勵志　□商管財經　□語言學習
□休閒旅遊　□生活娛樂　□宗教命理　□親子童書　□兩性情慾　□圖文插畫
□寵物　　　□科普　　　□自然　　　□設計／生活雜藝　　□其他_____

感謝填寫以上資料，請務必將此回函郵寄回本社，或傳真至 (04)2359-7123，
您的意見是我們出版更多好書的動力！

・其他意見：

※ 填寫本回函，我們將不定期提供您寵物相關出版及活動資訊！
　 晨星出版有限公司 編輯群，感謝您！

也可以掃瞄 QRcode，
直接填寫線上回函唷！

您不能錯過的好書

★榮獲文化部「第41次中小學生優良課外讀物」
　推介（小學中高年級、國中、高中職適讀）

鸚鵡飼育百科

作　者：羅賓‧德義智
譯　者：張郁笛

本書為想提供最好照護、與鳥寶建立親密關係而努力的飼主
提供最寶貴的資訊：

- 超過60種鸚鵡種類資訊
- 討論鳥籠、棲木等用品，包括教你動手製作
- 安全、飲食、梳理和健康照護相關詳細知識
- 專業訓練方式預防問題行為，並與鳥寶建立信賴關係

加入晨星寵物館粉絲頁，分享更多好康新知趣聞
更多優質好書都在晨星網路書店　www.morningstar.com.tw

搜尋 / 晨星出版寵物館